Informatik-Fachberichte 210

Herausgeber: W. Brauer
im Auftrag der Gesellschaft für Informatik (GI)

Klaus Drosten

Termersetzungssysteme

Grundlagen der Prototyp-Generierung algebraischer Spezifikationen

Springer-Verlag
Berlin Heidelberg New York
London Paris Tokyo

Autor

Klaus Drosten
Gesellschaft für Mathematik und Datenverarbeitung (F4)
Dolivostraße 15, D-6100 Darmstadt

CR Subject Classification (1987): F.4.1, I.2.2-3, D.2.m

ISBN-13:978-3-540-51172-4 e-ISBN-13:978-3-642-74769-4
DOI: 10.1007/978-3-642-74769-4

CIP-Titelaufnahme der Deutschen Bibliothek.
Drosten, Klaus:
Termersetzungssysteme: Grundlagen der Prototyp-Generierung algebraischer Spezifikationen / Klaus Drosten. – Berlin; Heidelberg; New York; London; Paris; Tokyo: Springer, 1989
(Informatik-Fachberichte; 210)
ISBN-13:978-3-540-51172-4 (Berlin ...) brosch.

NE: GT

2145/3140-543210 – Gedruckt auf säurefreiem Papier

Vorwort

Die logische Programmierung geht auf den Anfang der 70er Jahre zurück und wurde besonders populär in Verbindung mit der Programmiersprache PROLOG. Ein Hauptmerkmal der logischen Programmierung ist die strikte Trennung von Kontrollfluß und problemspezifischem Wissen. Alle problemspezifischen Aussagen werden in einer "Wissensbank" zusammengefaßt und mit Hilfe einer problemunabhängigen Inferenzmaschine ausgewertet. Die algebraische Programmierung entstand in ihren Grundzügen Mitte der 70er Jahre, als die ersten Arbeiten über die Spezifikation abstrakter Datentypen veröffentlicht wurden. Obwohl sie auf gemeinsamen Prinzipien beruhen, entwickelten sich die Gebiete der algebraischen und der logischen Programmierung zunächst unabhängig voneinander. Erst in jüngster Zeit wurde mit Erfolg versucht, beide Ansätze in einem gemeinsamen Kalkül zu vereinen.

Die vorliegende Arbeit ist in fünf Kapitel gegliedert. Kapitel 1 gibt einen ausführlichen Überblick über die Grundlagen der Ausführung algebraischer Spezifikationen. Kapitel 2 enthält eine Zusammenfassung der benötigten Grundbegriffe und dient als Vorbereitung auf den anschließenden Hauptteil der Arbeit. In Kapitel 3 und 5 wird das Grundkonzept der algebraischen Spezifikation um Ausdrucksmittel zur Fehlerbehandlung und Modularisierung in abstrakten Datentypen erweitert. Die Ausdrucksmittel werden besonders im Hinblick auf ihre Operationalisierbarkeit untersucht. In Kapitel 4 wird schließlich gezeigt, wie (und wann) sich algebraische Spezifikationen automatisch in PROLOG-Programme übersetzen und mit deren Hilfe ausführen lassen.

Das Buch wendet sich an alle, die an den theoretischen Grundlagen der algebraischen und logischen Programmierung interessiert sind. Zum besseren Verständnis des Textes sind Grundkenntnisse in der mathematischen Logik hilfreich und wünschenswert. Als Einstieg wird eines der zahlreichen Lehrbücher über die Grundlagen des automatischen Beweisens empfohlen. Weiterführende Literatur kann der ausführlichen Bibliographie am Ende dieser Arbeit entnommen werden.

Das Buch entstand als Überarbeitung einer Dissertation, die ich 1987 an der TU Braunschweig angefertigt habe. Wesentliche Erkenntnisse, die für die Erstellung der Dissertation relevant waren, habe ich während meiner Arbeit an einem von der Deutschen Forschungsgemeinschaft geförderten Projekt über die Spezifikation abstrakter Datentypen erworben. Geleitet wurde das Projekt von Prof. Dr. H.-D. Ehrich, für dessen Unterstützung ich mich an dieser Stelle ausdrücklich bedanken möchte. Mein weiterer Dank gilt Frau H. Huschka, die den wesentlichen Teil des Textes mit Hilfe des Textverarbeitungssystems SIGNUM auf einem Atari PC eingegeben hat.

Darmstadt, im Februar 1989 Klaus Drosten

Zusammenfassung

Termersetzungssysteme sind ein nicht-deterministisches Berechnungsmodell aus dem Bereich der funktionalen Programmierung. Die Funktionen werden durch rekursive Regeln spezifiziert und durch Untertermersetzung ohne explizite Kontrolle ausgewertet. Die Semantik eines Termersetzungssystems ist wohldefiniert, wenn alle Terme zu Normalformen reduzierbar sind (Termination) und das Ergebnis der Berechnung nicht von der Wahl der Regeln abhängt, die zur Reduktion benutzt werden (Konfluenz).

Das Prinzip der Termreduktion basiert auf der Idee, Terme durch gezielte Anwendung von Gleichungen in einfachere Ausdrücke umzuformen. Die dabei erzeugten Reduktionsfolgen entsprechen Herleitungen im Gleichungskalkül, bei denen die Reflexivitäts- und Symmetrieregeln überhaupt nicht und die Transitivitätsregel nur am Schluß angewandt werden. Für Gleichungsmengen, die terminierend und konfluent sind, ist die Termreduktion eine konsistente und vollständige Inferenzregel, da alle logischen Folgerungen allein durch die Berechnung von Normalformen herleitbar sind. Gleiches gilt in einer mehrsortigen Logik unter der Annahme, daß die Individuenbereiche in allen Modellen nicht-leer sind.

Die Methode der algebraischen Spezifikation geht von der Beobachtung aus, daß Datentypen Algebren sind, und bietet als Hauptinstrument Gleichungen an, um Algebren unabhängig von einer konkreten Repräsentation der Daten zu beschreiben ("abstrakter Datentyp"). Der enge Zusammenhang von Ersetzungsregeln und Gleichungen bildet dabei das theoretische Fundament, um Termersetzungssysteme als Werkzeug zur Prototyp-Generierung algebraischer Spezifikationen einzusetzen. Allerdings sind konventionelle Termersetzungssysteme nicht mächtig genug, die Aspekte der Fehlerbehandlung und Modularisierung in abstrakten Datentypen zu berücksichtigen; sie werden deshalb in der vorliegenden Arbeit um Ausdrucksmittel zur Parametrisierung und zur Einschränkung von Variablenbereichen erweitert. Die eigentliche Ausführung algebraischer Spezifikationen wird durch die Übersetzung von Termersetzungssystemen in PROLOG-Programme unterstützt. Im Überblick stellen sich die einzelnen Punkte wie folgt dar:

Termersetzungssysteme mit eingeschränkten Variablen subsumieren das Konzept der ok- und unsicheren Variablen, das ein geeignetes Beschreibungsmittel für Fehler- und Ausnahmesituationen in abstrakten Datentypen ist. Die konventionellen Methoden zur Überprüfung der Konfluenz und Termination werden auf eingeschränkte Variablen verallgemeinert und bilden die Basis zur Ausführung von Fehlerspezifikationen. Obwohl Einschränkungen von Variablenbereichen auch mit Hilfe von partiellen Sorten und überladenen Operatoren modelliert werden können, bietet das Konzept der eingeschränkten Variablen im Hinblick auf die Operationalisierung algebraischer Spezifikationen einige Vorteile.

Auf der Grundlage parametrischer Termersetzungssysteme wird untersucht, ob und inwieweit sich einzelne, ausführbare Module automatisch zu einer komplexen, ausführbaren Gesamtspezifikation zusammensetzen lassen. Das Kompositionstheorem gibt eine positive Antwort für den Fall, daß die formalen Parameter der beteiligten Module nur aus Sorten bestehen und die Parameterübergabe-Morphismen injektiv sind. Wann immer das Kompositionstheorem anwendbar ist, kann der globale Test auf Ausführbarkeit eines Gesamtsystems durch eine Reihe lokaler Tests auf Modulebene ersetzt werden.

Die Übersetzung von Termersetzungssystemen in PROLOG-Programme ist ein eleganter Ansatz, um die automatische Ausführung algebraischer Spezifikationen zu unterstützen. Auf der Basis einer "brute force" Strategie ist es prinzipiell möglich, jedes wohldefinierte Termersetzungssystem in ein äquivalentes PROLOG-Programm zu übersetzen. Für praktische Anwendungen ist ein solches Vorgehen jedoch ungeeignet, da ein Durchsuchen des Reduktionsbaumes der Breite nach nicht nur einen immensen Bedarf an Speicherplatz verursacht, sondern auch zu einem inakzeptablen Laufzeitverhalten führt. Effiziente Programme können nur erzeugt werden, wenn der Reduktionsbaum der Tiefe nach durchsucht wird. Als Terminationskriterium für Tiefensuchmethoden dient die Annahme, daß keine unendlichen Reduktionsfolgen existieren.

Inhaltsverzeichnis

1. Einführung

Die Methode der algebraischen Spezifikation geht in ihren Anfängen auf die Mitte der 70er Jahre zurück [LZ74, Gu75], und unterstützt das Paradigma der funktionalen Programmierung. Die Funktionen werden durch rekursive Gleichungen spezifiziert und durch Untertermersetzung ohne explizite Kontrolle ausgewertet. Die semantischen Grundlagen algebraischer Spezifikationen basieren auf einer mathematischen Logik mit der Gleichheit als einzigem Prädikat (Gleichungslogik). Die Axiome, die den Effekt der Funktionen beschreiben, sind geschlossene Formeln, in denen sämtliche Variablen allquantifiziert sind. Im Unterschied zu der Prädikatenlogik gibt es in der Gleichungslogik keine Existenzquantoren.

Die folgende Spezifikation enthält Axiome für die Addition und die Multiplikation auf den natürlichen Zahlen.

Beispiel 1.1

<u>nat</u>

SORTS:		nat
OPNS:		zero: $\longrightarrow$ nat
		succ: nat $\longrightarrow$ nat
		add: nat $\times$ nat $\longrightarrow$ nat
		mult: nat $\times$ nat $\longrightarrow$ nat
VARS:		N,M: nat
EQNS:	(N1)	add(zero,N) = N
	(N2)	add(succ(N),M) = succ(add(N,M))
	(N3)	mult(zero,N) = zero
	(N4)	mult(succ(N),M) = add(mult(N,M),M)

***

Eine algebraische Spezifikation besteht aus einer syntaktischen Deklaration von Sorten und Funktionssymbolen (Signatur) und einer Menge semantischer Gleichungen. Die in den Gleichungen vorkommenden Variablen sind implizit durch Allquantoren gebunden. Zu jeder Sorte gibt es einen abzählbaren Vorrat an Variablen, von denen jedoch nur die in den Gleichungen vorkommenden explizit deklariert sind.

Die Modellklasse einer algebraischen Spezifikation besteht aus allen Algebren A, die auf die Signatur der Spezifikation passen und ihre Gleichungen erfüllen: zu jeder Sorte s gibt es in A eine korrespondierende Menge s_A, die Trägermenge zur Sorte s; zu jedem Funktionssymbol $f: s_1 \times \ldots \times s_n \longrightarrow s$ korrespondiert eine tatsächliche Funktion $f_A: s_{1,A} \times \ldots \times s_{n,A} \longrightarrow s_A$. A erfüllt die Gleichungen der Spezifikation, wenn für jede gültige Belegung der Variablen mit Werten aus den entsprechenden Trägermengen die linken und rechten Seiten aller Axiome gleich interpretiert werden.

Beispiel 1.2

Die Menge der natürlichen Zahlen mit der Null als ausgezeichnetem Element sowie der Nachfolgerfunktion, der Addition und der Multiplikation ist ein Modell von nat aus Beispiel 1.1:

$$nat_A = \mathbb{N}$$
$$zero_A = 0$$
$$succ_A(n) = n+1$$
$$add_A(n,m) = n+m$$
$$mult_A(n,m) = n \cdot m$$

Ein weiteres Modell von nat ist die Menge der 2×2-Matrizen über den natürlichen Zahlen mit der Nullmatrix als ausgezeichnetem Element, dem Matrixinkrement sowie der Matrizenaddition und -multiplikation.

$$nat_B = \left\{ \begin{pmatrix} i & k \\ m & n \end{pmatrix} \middle| \; i, k, m, n \in \mathbb{N} \right\}$$

$$zero_B = \begin{pmatrix} 0 & 0 \\ 0 & 0 \end{pmatrix}$$

$$succ_B\left(\begin{pmatrix} i & k \\ m & n \end{pmatrix}\right) = \begin{pmatrix} i+1 & k+1 \\ m+1 & n+1 \end{pmatrix}$$

$$add_B\left(\begin{pmatrix} i1 & k1 \\ m1 & n1 \end{pmatrix}, \begin{pmatrix} i2 & k2 \\ m2 & n2 \end{pmatrix}\right) = \begin{pmatrix} i1+i2 & k1+k2 \\ m1+m2 & n1+n2 \end{pmatrix}$$

$$mult_B\left(\begin{pmatrix} i1 & k1 \\ m1 & n1 \end{pmatrix}, \begin{pmatrix} i2 & k2 \\ m2 & n2 \end{pmatrix}\right) = \begin{pmatrix} i1 \cdot i2 + k1 \cdot m2 & i1 \cdot k2 + k1 \cdot n2 \\ m1 \cdot i2 + n1 \cdot m2 & m1 \cdot k2 + n1 \cdot n2 \end{pmatrix}$$

***

Die semantische Fundierung einer algebraischen Spezifikation basiert auf dem Ansatz, unter allen Modellen eine Algebra (bzw. deren Isomorphieklasse) als Standardsemantik auszuzeichnen. Das Standardmodell ist dadurch charakterisiert, daß es operationserzeugt ist und in ihm nur die konstanten Gleichungen gelten, die in allen Modellen gelten. Beide Eigenschaften zusammen prägen die Umschreibung "no junk, no confusion". Wegen der Operationserzeugtheit gibt es zu jedem Trägerelement b des Standardmodells einen Grundterm, der sich zu b auswertet ("no junk"). Außerdem werden in dem Standardmodell keine Grundterme identifiziert, deren Gleichheit nicht logisch aus den Gleichungsaxiomen folgt ("no confusion"). Für nat aus Beispiel 1.1 ist das Standardmodell isomorph zu den natürlichen Zahlen mit der darauf definierten Null, der Nachfolgerfunktion, der Addition und der Multiplikation. Das Modell der 2x2-Matrizen kommt dagegen nicht als Standardsemantik in Betracht, weil die Grundterme nur 2x2-Matrizen mit identischen Einträgen erzeugen.

Für Standardmodelle gibt es neben der modelltheoretischen auch eine kategorientheoretische Charakterisierung: Die Modellklasse einer Spezifikation bildet zusammen mit den Algebra-Morphismen eine Kategorie im mathematischen Sinn. Das Standardmodell ist in dieser Kategorie das initiale Element, denn, ausgehend von dem Standardmodell, gibt es zu jedem anderen Modell mit der Interpretationsfunktion einen eindeutigen Morphismus.

Die Gesamtheit aller logischen Folgerungen aus einer Gleichungsmenge E wird als algebraische Theorie von E bezeichnet. Unter der induktiven Theorie einer Spezifikation versteht man die Gesamtheit der Gleichungen, die in dem initialen Modell gültig sind. Die Bezeichnung "induktive Theorie" leitet sich aus der Beobachtung ab, daß die Gültigkeit einer Gleichung e am besten durch strukturelle Induktion über alle Grundterme gezeigt wird, die für die Variablen in e substituiert werden können. Bezogen auf die Menge der konstanten Gleichungen, stimmt die induktive mit der algebraischen Theorie überein; Unterschiede existieren jedoch hinsichtlich der Gleichungen mit Variablen. Letzteres wird anhand der Spezifikation nat aus Beispiel 1.1 deutlich. Während die Gleichung mult(N,M) = mult(M,N) in dem initialen Modell von nat gültig ist — die Multiplikation auf den natürlichen Zahlen ist kommutativ — , kann sie nicht Element der algebraischen Theorie von nat sein; denn in dem Modell der 2×2-Matrizen ist die Matrizenmultiplikation nicht kommutativ.

Grundlage für das automatische Beweisen ist die Tatsache, daß jedes Element der algebraischen Theorie mit Hilfe der Inferenzregeln des Gleichungskalküls mechanisch aus den Gleichungsaxiomen herleitbar ist. Für beliebig Terme A, B, C und beliebige Substitutionen θ sind die Regeln des Gleichungskalküls wie folgt gegeben:

Reflexivitätsregel:	$\vdash A=A$
Symmetrieregel:	$A=B \vdash B=A$
Transitivitätsregel:	$A=B,\ B=C \vdash A=C$
Substitutionsregel:	$A=B \vdash A\theta = B\theta$
Ersetzungsregel:	$A=B \vdash C[x \leftarrow A] = C[x \leftarrow B]$

Dabei bezeichnen $A\theta$ den Term, der durch Anwendung der Substitution θ auf A entsteht, und $C[x \leftarrow A]$ den Term, der aus C entsteht, indem man den Unterterm an der Stelle x durch den Term A gleicher Sorte ersetzt.

Eine Gleichung e ist aus einer Menge E von Prämissen herleitbar, i.Z. $E \vdash e$, wenn es eine Folge von Gleichungen $e_1, e_2, \ldots, e_n$ gibt, so daß $e_n = e$ gilt, und jedes e_i durch Anwendung einer der obigen Inferenzregeln aus den Prämissen und den bis dahin erzeugten Folgerungen $e_1, e_2, \ldots, e_{i-1}$ hervorgeht. Jede Herleitung des Gleichungskalküls läßt sich so ordnen, daß die Transitivitätsregel nur am Schluß, ggf. mehrfach, angewandt wird. Der Gleichungskalkül ist konsistent und vollständig in dem Sinne, daß ausschließlich logische Folgerungen herleitbar sind (Konsistenz), und es keine logische Folgerung gibt, die nicht herleitbar ist (Vollständigkeit).

Beispiel 1.3
Bezogen auf die Spezifikation nat aus Beispiel 1.1, ist die Kommutativität der Operatoren add bzw. mult für alle konstanten Terme herleitbar. So gilt etwa:

nat	$\vdash$	(N5)	add(succ(zero),zero) = succ(add(zero,zero))
			[mit (N2) und der Substitutionsregel]
	$\vdash$	(N6)	add(zero,zero) = zero
			[(N1), Substitutionsregel]
	$\vdash$	(N7)	succ(add(zero,zero)) = succ(zero)
			[(N6), Ersetzungsregel]
	$\vdash$	(N8)	add(zero,succ(zero)) = succ(zero)
			[(N1), Substitutionsregel]
	$\vdash$	(N9)	succ(zero) = add(zero,succ(zero))
			[(N8), Symmetrieregel]
	$\vdash$	(N10)	add(succ(zero),zero) = succ(zero)
			[(N5), (N7), Transitivitätsregel]
	$\vdash$	(N11)	add(succ(zero),zero) = add(zero,succ(zero))
			[(N9), (N10), Transitivitäsregel] ***

Die Konsistenz und Vollständigkeit des Gleichungskalküls bleibt auch in einer mehrsortigen Logik – es gibt mehr als eine Sorte, und zu jeder korrespondiert eine eigene Trägermenge – erhalten, wenn man als Modelle nur Algebren mit nicht-leeren Trägermengen zuläßt. Sobald auch Modelle mit leeren Trägermengen erlaubt sind, geht die Konsistenz des Gleichungskalküls in seiner hier eingeführten Form verloren [GM81]. In diesem Fall sind die Inferenzregeln des Gleichungskalküls so abzuändern, daß aus einer Gleichung, die über einen leeren Träger quantifiziert ist, keine Gleichung hergeleitet werden kann, deren Quantifizierungen ausschließlich über nicht-leere Träger laufen [EM85].

Obwohl zu einer Menge von Gleichungen alle logischen Folgerungen in einem Gleichungskalkül herleitbar sind, ist die Gleichungslogik i.a. nicht entscheidbar. Der Grund hierfür ist, daß es keinen Algorithmus gibt, der bei Eingabe einer Gleichung die entsprechende Herleitungsfolge findet bzw. entscheidet, daß keine Herleitungsfolge existiert. Die Situation ist die gleiche wie die in der Prädikatenlogik. Letztere ist ebenfalls unentscheidbar, obwohl mit der Resolutionsmethode [Ro65] ein konsistentes und vollständiges Deduktionssystem bekannt ist.

Das Prinzip der Termreduktion basiert auf der Idee, Spezifikationen als Termersetzungssysteme (TESe) zu behandeln, und Terme durch gezielte Anwendung der Gleichungen von links nach rechts in einfachere Ausdrücke, sog. Normalformen, umzuformen. Die dabei erzeugten Reduktionsfolgen entsprechen Herleitungen im Gleichungskalkül, bei denen die Reflexivitäts- und Symmetrieregel überhaupt nicht und die Transistivitätsregel nur am Schluß angewandt werden. Für Gleichungsmengen, die terminierend und konfluent sind, ist die Termreduktion eine konsistente und vollständige Inferenzregel, denn alle logischen Folgerungen können allein über die Berechnung von Normalformen hergeleitet werden: E ⊢ e gilt denau dann, wenn die linke und rechte Seite in e mit Hilfe der Gleichungen in E zu derselben Normalform reduzierbar sind. Die Eigenschaften der Konfluenz und Termination stellen dabei sicher, daß alle Terme Normalformen besitzen (Termination) und die berechneten Normalformen nicht von der Wahl der Gleichungen abhängen, die bei der Reduktion benutzt werden (Konfluenz).

Beispiel 1.4

Die Spezifikation <u>nat</u> aus Beispiel 1.1 ist noethersch und konfluent. Auf die Methoden, wie man diese Eigenschaften nachweist, wird später ausführlich eingegangen. Die Noether-Eigenschaft besagt, daß es keine unendlichen Reduktionsfolgen gibt, und gewährleistet so für alle Terme die Existenz von Normalformen; die Konfluenz garantiert die Eindeutigkeit dieser Normalformen. Jede logische Folgerung aus <u>nat</u> ist durch die Berechnung von Normalformen entscheidbar. Z. B. wird <u>nat</u> ⊢ mult(succ(succ(zero)),zero) = mult(zero,succ(succ(zero))) durch die unteren Reduktionsfolgen nachgewiesen:

mult(succ(succ(zero)),zero)
$\xrightarrow[(N4)]{}$ add(mult(succ(zero),zero),zero)
$\xrightarrow[(N4)]{}$ add(add(mult(zero,zero),zero),zero)
$\xrightarrow[(N3)]{}$ add(add(zero,zero),zero)
$\xrightarrow[(N1)]{}$ add(zero,zero)
$\xrightarrow[(N1)]{}$ zero

mult(zero,succ(succ(zero)))
$\xrightarrow[(N3)]{}$ zero ***

Die Eigenschaften der Konfluenz und Termination sind für den Einsatz von TESen von grundlegender Bedeutung und spielen deshalb in der Theorie eine zentrale Rolle. Trotz der generellen Unentscheidbarkeit beider Eigenschaften [HL78, HO80] stehen dank intensiver Forschung umfangreiche Methoden und Werkzeuge bereit, um TESe anhand syntaktischer Kriterien auf Konfluenz und Termination zu überprüfen. Als adäquate Techniken haben sich vor allem die Berechnung kritischer Paare [KB70, Hu80] und die Konstruktion vereinfachender Ordnungen [De82] bewährt. Kritische Paare entstehen dadurch, daß sich die linken Seiten von Ersetzungsregeln überlappen, und signalisieren verzweigende Reduktionen; ihre "Konvergenz" ist somit eine notwendige Voraussetzung für die Konfluenzeigenschaft. Vereinfachungsordnungen sind ein geeignetes Mittel, um die Nicht-Existenz unendlicher Reduktionsfolgen (starke Termination, Noether-Eigenschaft) nachzuweisen. Ziel dabei ist, die Menge der Terme so zu ordnen, daß die rechten Seiten der Ersetzungsregeln in einem bestimmten Sinn einfacher werden als die linken Seiten. Um Terminationsbeweise zu automatisieren, werden Vereinfachungsordnungen durch endliche Präzedenzordnungen auf den Funktionssymbolen beschrieben. Abhängig von dem Schema, nach dem die Präzedenzen zu Vereinfachungsordnungen fortgesetzt werden, unterscheidet man die Methoden der rekursiven Pfadordnung [De82], der rekursiven Dekompositionsordnung [JLR82], der Pfadordnung [KNS85] sowie der Ordnung von Unterterm-Pfaden [Pl78, Ru85].

Der Knuth-Bendix-Algorithmus [KB70, Hu81] basiert auf der Idee, eine Menge von Gleichungen zu einer konfluenten und noetherschen Menge gerichteter Gleichungen zu vervollständigen. Zu diesem Zweck wird in jedem Schritt ein Axiom aus der Gleichungsmenge ausgewählt und so geordnet, daß die rechte Seite relativ zu einer Vereinfachungsordnung kleiner ist als die linke Seite. Gleichzeitig wird jedes nicht-konfluente kritische Paar, das durch die Hinzunahme der Regel neu entsteht, als Axiom in die Gleichungsmenge eingetragen. Der obige Generierungsschritt wird so lange wiederholt, bis entweder die Gleichungsmenge leer ist (Termination mit Erfolg) oder ein Axiom nicht geordnet werden kann (Termination durch Abbruch). In allen Fällen, in denen der Knuth-Bendix-Algorithmus erfolgreich terminiert, wird eine Menge gerichteter Gleichungen ausgegeben, die dieselbe algebraische Theorie erzeugt wie die Menge der ursprünglichen Gleichungen. Da die vervollständigte Gleichungsmenge noethersch und konfluent ist, sind alle logischen Folgerungen durch Berechnung von Normalformen entscheidbar.

Beispiel 1.5
Gegeben sei die folgende Spezifikation der boolschen Werte mit der darauf definierten Negation und Oder-Verknüpfung.

<u>bool</u>

SORTS:	bool	
OPNS:	true: ⟶ bool	
	false: ⟶ bool	
	non: bool ⟶ bool	
	_or_: bool × bool ⟶ bool	/*Infixnotation*/
VARS:	B: bool	
EQNS:	non(true) = false	
	non(non(B)) = B	
	true or B = true	
	false or B = B	

Eine partielle Ordnung > sei auf den Termen so definiert, daß A>A' genau dann gilt, wenn A mehr Funktionssymbole als A' enthält und jede Variable mindestens so häufig in A vorkommt wie in A'. Auf der Basis dieser Ordnung führt der Knuth-Bendix Algorithmus bei Eingabe von <u>bool</u> die folgenden Schritte durch.

Schritt1: Initialisierung

$R_1 = \emptyset$

E_1 = { non(true) = false, non(non(B))= B, true or B = true, false or B = B }

Schritt2: Generierung

Wähle eine Gleichung aus E und ordne deren Seiten gemäß >. Füge die gerichtete Gleichung zu der Regelmenge hinzu:

R_2 = { non(true) $\longrightarrow$ false }

Die selektierte Gleichung wird aus der Gleichungsmenge entfernt. Da R_2 keine kritischen Paare enthält, werden keine neuen Axiome zu der Gleichungsmenge hinzugefügt.

E_2 = { non(non(B)) = B, true or B = true, false or B = B }

Schritt3: Generierung

Die nächste Gleichung wird nach > geordnet und zu der Regelmenge hinzugefügt.

R_3 = { non(true) $\longrightarrow$ true, non(non(B)) $\longrightarrow$ B }

R_3 bestimmt zwei nicht-triviale kritische Paare, die durch Überlappung der ersten mit der zweiten Regel sowie durch Überlappung der zweiten Regel mit sich selbst entstehen. Die Überlappungen und die von ihnen bestimmten kritischen Paare sind in dem folgenden Diagramm zusammengefaßt. Eine formale Beschreibung findet sich in Abschnitt 3.2.2.

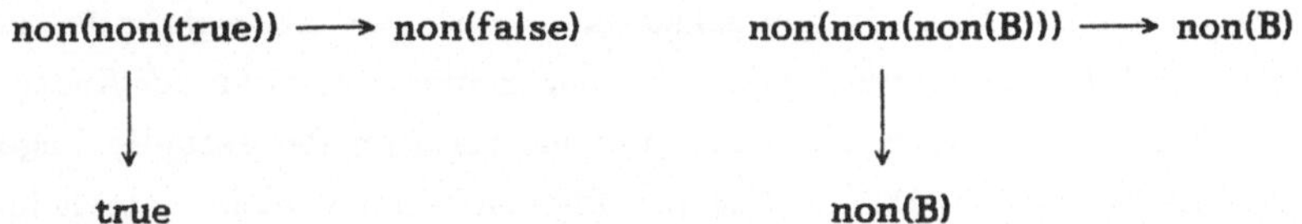

Als neue Gleichungen werden nur die kritischen Paare aufgenommen, deren Komponenten sich mit Hilfe der aktuellen Regelmenge zu verschiedenen Normalformen reduzieren. Die übrigen kritischen Paare tragen nicht dazu bei, nicht-konfluente Systeme konfluent zu machen, und können deshalb vernachlässigt werden.

E_3 = { non(false) = true, true or B = true, false or B = B }

Schritt4: Generierung

Analog zu Schritt3 wird eine Gleichung aus der Gleichungsmenge entfernt, ihre Seiten werden gemäß > geordnet, und das Resultat wird als gerichtete Gleichung zu der Regelmenge hinzugefügt.

R_4 = { non(true) $\longrightarrow$ false, non(non(B)) $\longrightarrow$ B, non(false) $\longrightarrow$ true }

Durch die Erweiterung der Regelmenge entsteht eine Überlappung der zweiten mit der dritten Regel. Die Überlappung und das von ihr bestimmte kritische Paar stellen sich wie folgt dar:

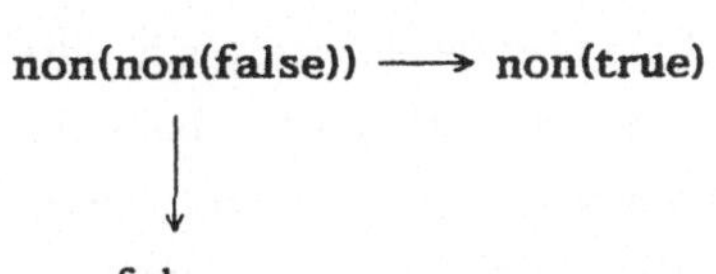

Da der Term non(true) mit Hilfe von R_4 zu false reduzierbar ist, wird das obige kritische Paar nicht in die Gleichungsmenge aufgenommen.

E_4 = { true or B = true, false or B = B }

Schritt5: Generierung

R_5 = { non(true) ⟶ false, non(non(B)) ⟶ B, non(false) ⟶ true,
true or B ⟶ true }

E_5 = { false or B = B }

Schritt6: Generierung

R_6 = { non(true) ⟶ false, non(non(B)) ⟶ B, non(false) ⟶ true,
true or B ⟶ true, false or B ⟶ B }

$E_6 = \emptyset$

Da die aktuelle Gleichungsmenge leer ist, terminiert der Knuth-Bendix Algorithmus mit der Regelmenge R_6 als Ausgabe. R_6 ist noethersch und konfluent und erzeugt dieselbe Theorie wie die Eingabe E_1; auf der Basis von R_6 sind damit alle logischen Folgerungen aus bool durch Berechnung von Normalformen entscheidbar. ***

Die Korrektheit des Knuth-Bendix Algorithmus basiert auf dem sog. Knuth-Bendix Kriterium. Letzteres gilt nur für noethersche Gleichungsmengen; es besagt, daß eine noethersche Menge gerichteter Gleichungen genau dann konfluent ist, wenn alle kritischen Paare konfluent sind. Ein zentrales Problem bei der Implementierung der Knuth-Bendix Methode resultiert aus der Notwendigkeit, in jeder Iteration die aktuelle Regelmenge als noethersch nachzuweisen. Da die Noether-Eigenschaft i.a. nicht entscheidbar ist, muß man auf hinreichende, syntaktisch überprüfbare Terminationskriterien zurückgreifen. Als adäquat haben sich dabei die verschiedenen Varianten der Pfadordnungen erwiesen, auf die bereits an früherer Stelle hingewiesen wurde.

Wegen der generellen Unentscheidbarkeit der Gleichungslogik kann die Knuth-Bendix Methode bestenfalls eine Semi-Entscheidungsprozedur für endlich präsentierte Gleichungstheorien sein. Die grundsätzlichen Grenzen des Knuth-Bendix Algorithmus lassen sich an den folgenden Punkten festmachen: Eine erfolgreiche Anwendung der Knuth-Bendix Methode setzt voraus, daß die aktuelle Regelmenge in jeder Iteration noethersch ist. Von daher können bestimmte Formen von Gleichungen, wie z. B. Kommutativitätsaxiome, grundsätzlich nicht nach der Knuth-Bendix Methode vervollständigt werden. Zudem ist es wegen der Unentscheidbarkeit der Noether-Eigenschaft möglich, daß im Laufe des Vervollständigungsprozesses Regelmengen erzeugt werden, die zwar noethersch sind, aber nicht als solche erkannt werden. In diesem Fall bricht die Vervollständigung erfolglos ab, obwohl sie theoretisch möglich wäre. Schließlich ist nicht einmal die Termination des Knuth-Bendix Methode für beliebige Eingaben garantiert. Der Vervollständigungsprozeß hält immer dann nicht an, wenn fortlaufend neue Axiome generiert werden und die aktuelle Gleichungsmenge nicht leer wird.

Die Unifikation in algebraischen Theorien adressiert das Problem, für beliebige Gleichungen in einer algebraischen Theorie nach Lösungen zu suchen: Gegeben eine endliche Gleichungsmenge E, eine Substitution Θ heißt Lösung der Gleichung A=B, wenn AΘ = BΘ in der algebraischen Theorie von E liegt. Da es für eine Gleichung i.a. unendlich viele Lösungen gibt, geht es bei der Unifikation vor allem darum, eine endliche Menge von Lösungen zu finden, die in dem Sinne vollständig ist, als daß mit ihrer Hilfe alle anderen Lösungen darstellbar sind. Der klassische Unifikationsalgorithmus von Robinson [Ro65] basiert auf der Annahme, daß die algebraische Theorie, bzgl. der unifiziert wird, leer ist. In diesem Fall ist die Unifikation entscheidbar, und der Unifikationsalgorithmus berechnet einen, bis auf Umbenennung der Variablen eindeutigen, allgemeinsten Unifikator. Sobald die algebraische Theorie nicht leer ist, geht die Entscheidbarkeit der Unifikation i.a. verloren. Die Methode des Narrowing ist zwar geeignet, für kanonische, d.h. noethersche und konfluente, Gleichungsmengen E vollständige Mengen von Lösungen zu konstruieren [Fay79, Hul80], doch sind die so erzeugten Mengen i.a. nicht minimal. Dies hat zur Folge, daß der Unifikationsprozeß für bestimmte algebraische Theorien, die endliche und vollständige Lösungsmengen besitzen, nicht anhält, weil er bei Eingabe einer Gleichung eine unendliche Menge von Lösungen zu konstruieren versucht. Der letzte Punkt belegt die Notwendigkeit, für bedeutende Theorien nach nichtuniversellen Unifikationsalgorithmen zu suchen. Endliche, vollständige Unifikationsalgorithmen sind u.a. für kommutative Theorien [Plo72], assoziativ-kommutative Theorien [St81, Fa84], permutative Theorien [Jea80] und die Theorie der abelschen Gruppen [La79a] bekannt. Die Unifikation in algebraischen Theorien kann als Grundlage dienen, um die Prinzipien der logischen Programmierung, auf denen z.B. die Programmiersprache PROLOG basiert, auf eine Prädikatenlogik mit Gleichheit fortzusetzen. Dieser Ansatz wird in GM84 mit der Programmiersprache Eqlog verfolgt.

Zusammenfassend kann man feststellen, daß der enge Zusammenhang von Regeln und Gleichungen das theoretische Fundament schafft, um TESe als Werkzeug für eine breite Klasse von Problemen einzusetzen. Hierzu gehören u.a. das Wortproblem in der universellen Algebra [Ev51, KB70], das Wortproblem für endlich präsentierte Algebren [Bo82, Le84], die Unifikation in Gleichungstheorien [Fay79, Hul80, Si84], induktive Beweise für Datentypen [Mu80a, HH82], die Programmsynthese aus Spezifikationen [De85, KS85], Theorembeweise in verschiedenen Logikkalkülen [Hs85, Fr85], die Ausführung algebraischer Spezifikationen [Mu80b, FGJM85], aber auch die Codeoptimierung in Compilern [ASU72] und die Codegenerierung [Se83].

Das Ausdruckmittel der bedingten Gleichungen ist geeignet, den Begriff der algebraischen Spezifikation in naheliegender Weise zu erweitern. Die Prämissen bedingter Gleichungen sind selbst wieder Gleichungen, die konjunktiv verknüpft sind. Einfache Gleichungen sind spezielle bedingte Gleichungen, deren Prämissen leer sind.

Beispiel 1.6

Ausgehend von dem ≤-Prädikat auf den natürlichen Zahlen, lassen sich die Minimum- und Maximumfunktion bequem mit Hilfe bedingter Gleichungen spezifizieren.

<u>nat1</u>

SORTS:		nat, bool
OPNS:		true: ⟶ bool
		false: ⟶ bool
		zero: ⟶ nat
		succ: nat ⟶ nat
		_≤_: nat × nat ⟶ bool /*Infixnotation*/
		min: nat × nat ⟶ nat
		max: nat × nat ⟶ nat
VARS:		M,N: nat
EQNS:	(N1)	zero ≤ N = true
	(N2)	succ(N) ≤ zero = false
	(N3)	succ(N) ≤ succ(M) = N ≤ M
	(N4)	N ≤ M = true ⟹ max(N,M) = M
	(N5)	N ≤ M = false ⟹ max(N,M) = N
	(N6)	N ≤ M = true ⟹ min(N,M) = N
	(N7)	N ≤ M = false ⟹ min(N,M) = M

***

Das zentrale Problem der bedingten Termersetzung ist die rekursive Auswertung der Prämissen. Eine bedingte Gleichung trägt nur dann zu einem Reduktionsschritt bei, wenn die linke Seite auf den aktuellen Term "paßt" und gleichzeitig die Prämisse erfüllt ist. Da die Auswertung der Prämissen selbst wieder auf die Termersetzung zurückgeführt wird, entsteht ein rekursiver Reduktionsprozeß. In Ka84 ist gezeigt, daß die Rekursion i.a. selbst dann nicht anhält, wenn die Reduktionsrelation noethersch und konfluent ist. Dieser Zusammenhang wird anhand der Gleichung

$$(*)\quad f(f(X)) = X \Longrightarrow f(X) = X$$

deutlich: Um f(a) zu reduzieren, wird (*) zunächst ohne Rücksicht auf die Prämisse angewandt; erst dann wird versucht, die Bedingung f(f(a)) = a zu verifizieren. Letzteres kann wiederum nur mit Hilfe von (*) gelingen, vorausgesetzt, f(f(f(a))) = f(a) gilt usw. Obwohl f(a) bereits in Normalform ist, wird (*) ohne Ende auf sich selbst angewandt. Der Reduktionsprozeß terminiert für (*) deshalb nicht, weil die Prämisse in einem bestimmten mathematischen Sinn größer ist als die Konklusion. Durch wiederholte Selbstanwendung werden deshalb immer komplexere Bedingungen erzeugt. Diese Beobachtung führt auf den Begriff der fairen, bedingten Spezifikationen [Ka85]. Letztere sind dadurch charakterisiert, daß die Prämissen und rechten Seiten bedingter Gleichungen bzgl. einer noetherschen Vereinfachungsordnung kleiner sind als die linken Seiten. Da die Terme während der Reduktion fortlaufend vereinfacht werden, hält der Evaluierungsprozeß in (konfluenten) fairen Systemen nach endlich vielen Schritten an. Ein anderer Ansatz, das

Rekursionsproblem zu lösen, ist die Einführung hierarchischer Spezifikationen [PEE82, Dr84, ZR85], wo Bedingungen grundsätzlich auf unteren Ebenen ausgewertet werden. Die Beziehung zwischen hierarchischer und nicht-hierarchischer Auswertung ist in NO84 geklärt: Unter der Annahme, daß die Funktionen hinreichend vollständig spezifiziert sind, kann die hierarchische Struktur aufgelöst werden, ohne daß sich die initiale Semantik ändert.

Beispiel 1.7

Eine partielle Ordnung > auf den Termen heißt Vereinfachungsordnung, wenn sie die folgenden Eigenschaften besitzt:

Unterterm-Eigenschaft: $f(\ldots,A,\ldots) > A$

Monotonie: $A > A' \Longrightarrow f(\ldots,A,\ldots) > f(\ldots,A',\ldots)$

Die folgende Vereinfachungsordnung > ist noethersch und zeigt, daß nat1 aus Beispiel 1.6 fair ist. Für alle Terme A,B,C,D, die über der Signatur von nat1 gebildet werden können, ist > definiert durch

$A > B \Longleftrightarrow$

entweder

(1) die Anzahl der in A vorkommenden Funktionssymbole ist größer als die in B, und jede in B vorkommende Variable kommt mindestens so häufig auch in A vor

oder

(2) $A \equiv \min(C,D)$ oder $A \equiv \max(C,D)$ und $B \equiv C \leq D$

Für alle Axiome aus nat1 gilt, daß die linken Seiten bzgl. der obigen Vereinfachungsordnung größer sind als die rechten Seiten und die Terme in den Prämissen. Diese Fairneß-Eigenschaft garantiert, daß Terme während der Reduktion immer "einfacher" werden. Für das Auswerten der Prämissen wird neben der Fairneß auch die Konfluenz benötigt. Erst beide Eigenschaften zusammen gewährleisten, daß man sich bei der Auswertung der Prämissen auf die Berechnung einer Normalform pro Term beschränken kann. nat1 ist fair (s.o.) und konfluent (s. Beispiel 1.8). Im schlimmsten Fall werden bei Eingabe des Terms 'max(succ(zero),zero)' drei Reduktionsschritte benötigt, um die Normalform zu finden: Der Versuch, Axiom (N4) anzuwenden, scheitert nach

(+) succ(zero) ≤ zero ⟶ false

weil true und false unterschiedliche Normalformen sind. Dieselbe Berechnung (+) belegt die Anwendbarkeit von Axiom (N5). Folglich,

max(succ(zero),zero) ⟶ succ(zero)

und der Reduktionsprozeß endet, weil keine linke Seite in nat1 auf 'succ(zero)' paßt.

Bedingte TESe unterstützen durch ihre, wenn auch eingeschränkte, Operationalisierbarkeit automatische Beweise in bedingten algebraischen Theorien [Ka85, ZR85]. Dabei sind, analog zum klassischen Fall, die Eigenschaften der Konfluenz und Termination unverzichtbare Voraussetzungen für die Korrektheit der Termreduktion. Obwohl faire TESe per Definition noethersch sind, ist ihre Konfluenz – im Unterschied zum unbedingten Fall — i.a. nicht entscheidbar [Ka85]. Der Grund hierfür ist, daß bei der Überlappung bedingter Regeln die Komponenten eines kritischen Paares nur für die Variablenbelegungen "konvergieren" müssen, die die Prämissen wahr machen. Die Unentscheidbarkeit der Konfluenz in fairen Systemen beruht also auf der Unlösbarkeit des Problems, endliche und vollständige Mengen von Unifikatoren in Gleichungstheorien zu berechnen.

Die Erweiterung des Knuth-Bendix Algorithmus für bedingte Gleichungen basiert auf der Berechnung kontextueller, kritischer Paare. Letztere beschreiben bedingt verzweigende Reduktionen, die durch die Überlappung bedingter Regeln entstehen, und deren Kontext die Prämissen der betroffenen Regeln konjunktiv verknüpft. Abhängig davon, ob die Kontexte erfüllbar sind, wird in Ka85 zwischen relevanten und irrelevanten kritischen Paaren unterschieden. Das Ziel ist, die irrelevanten kritischen Paare von der Vervollständigung auszuschließen und so die Chancen für eine erfolgreiche Termination des Knuth-Bendix Algorithmus zu verbessern.

Beispiel 1.8

Betrachte <u>nat1</u> aus Beispiel 1.6. Die Überlappungen der Axiome (N4) und (N5) bzw. (N6) und (N7) bestimmen dasselbe kontextuelle, kritische Paar

$$(*)\ N \leq M = true \wedge N \leq M = false \Longrightarrow M = N\ .$$

Bei dem Versuch, (*) in eine gerichtete Gleichung zu überführen, würde der Knuth-Bendix Algorithmus erfolglos abbrechen. Allerdings braucht (*) bei der Vervollständigung nicht berücksichtigt zu werden, denn die Prämisse besitzt in der algebraischen Theorie von <u>nat1</u> keine Lösung. Unter der Annahme, daß letzteres algorithmisch erkannt wird, terminiert der Knuth-Bendix Algorithmus bei Eingabe von <u>nat1</u> mit <u>nat1</u>, d.h. <u>nat1</u> ist bereits konfluent. ***

Um die Erfüllbarkeit von Gleichungen in bedingten algebraischen Theorien zu überprüfen, wird in Ka85 die Methode des Narrowing [Fay79, Hul80] adaptiert. Obwohl es so in bestimmten Fällen gelingt, irrelevante kritische Paare von der Vervollständigung auszuschließen, bleibt doch generell zu beobachten, daß der Knuth-Bendix Algorithmus weiterhin für zu viele praktische Beispiele erfolglos abbricht oder überhaupt nicht terminiert. Eine Ursache hierfür ist die Semi-Entscheidbarkeit der Unifikation in bedingten algebraischen Theorien [Ka85]; eine weitere Ursache resultiert daraus, daß die Vervollständigung nach Knuth-Bendix relativ zur algebraischen Theorie erfolgt und nicht zur induktiven Theorie, wo mehr Theoreme gelten. Der Übergang zur induktiven Theorie ist unter der Annahme legitim, daß das initiale Modell die intendierte Semantik algebraischer Spezifikationen ist. Ga86 verfolgt deshalb den pragmatischen Ansatz, bedingte Gleichungen relativ zu induktiven Zusicherungen zu vervollständigen. Entscheidend ist hierbei das Zusammenspiel von negativen und überdeckenden Zusicherungen. Während die negativen Zusicherungen den direkten Nachweis der Unerfüllbarkeit von Bedingungen ermöglichen, ist die Klasse der überdeckenden Zusicherungen geeignet, nach dem

Prinzip der Fallunterscheidung kritische Paare zu splitten und unerfüllbare Kontexte zu erzeugen. Die Methode von Ganzinger terminiert in zahlreichen Fällen erfolgreich, wo die Methode von Kaplan versagt - doch ist dabei stets zu berücksichtigen, daß die vervollständigte Axiomenmenge nur auf Grundtermen konfluent ist, und daß letztlich nur die induktive Theorie (initiales Modell), nicht jedoch die algebraische Theorie bewahrt bleibt.

Ein gravierender Nachteil der Knuth-Bendix-Methode ist, daß bestimmte Formen von Gleichungen wie z.B. Kommutativitätsaxiome nicht handhabbar sind, ohne die Noether-Eigenschaft zu verlieren. Bei dem Versuch, derartige Axiome in Regeln zu übersetzen, bricht der Vervollständigungsprozeß erfolglos ab, da es keine Vereinfachungsordnung gibt, bzgl. der die linken und rechten Seiten geordnet werden können. Es liegt deshalb nahe, strukturelle Axiome (Kommutativität, Assoziativität,...) und Vereinfachungsregeln (Idempotenz, Gesetze für neutrale und inverse Elemente,...) bei der Bestimmung von Normalformen unterschiedlich zu behandeln. Die mathematische Präzisierung dieser Idee führt auf den Begriff der Termersetzungssysteme mit Gleichungen (kurz GTES), wo die Menge der Axiome in eine Regelmenge R und eine Gleichungsmenge E unterteilt ist. Terme werden mit Hilfe der Regeln modulo der kleinsten Kongruenz reduziert, die durch die Gleichungen beschrieben ist; diese Kongruenz ist gerade die von E erzeugte, algebraische Theorie. Die Reduktionsrelation ist berechenbar, wenn alle Kongruenzklassen endlich sind. Die Endlichkeit der Kongruenzklassen kann in vielen praktischen Situationen vorausgesetzt werden und gilt z.B. in kommutativen [LB77a], assoziativ-kommutativen [LB77c] oder allgemein in permutativen Theorien [LB77b].

Beispiel 1.9

<u>nat2</u>		
SORTS:		nat
OPNS:		zero: ⟶ nat
		succ: nat ⟶ nat
		add: nat × nat ⟶ nat
VARS:		N,M: nat
AXMS	(E1)	add(N,M) = add(M,N)
	(R1)	add(zero,N) ⟶ N
	(R2)	add(N,succ(M)) ⟶ succ(add(N,M))

Die Gleichung (E1) wird in der folgenden Reduktionsfolge benötigt, um (R1) anwenden und den Term in die gewünschte Normalform überführen zu können

	add(succ(zero),succ(zero))
⟶	succ(add(succ(zero),zero))
=	succ(add(zero,succ(zero)))
⟶	succ(succ(zero))

***

Selbst in den Fällen, in denen die Termreduktion für GTESe prinzipiell entscheidbar ist, bleibt der praktische Nutzen i.a. gering, weil die Kosten bei der Ausführung einzelner Reduktionsschritte quadratisch mit der Größe der Kongruenzklassen wachsen. Die Deduktionen im Gleichungskalkül, die auf der Berechnung von Normalformen basieren, werden somit zeitaufwendig und ineffizient. In der Literatur [Hu80, PS81, JK86] wird deshalb der Ansatz verfolgt, die Reduktion auf Kongruenzklassen effizient zu approximieren. Grundsätzlich ist hierzu jede Relation geeignet, die elementare und kongruenzerhaltende Reduktionsschritte kombiniert, vorausgesetzt, sie besitzt neben der Konfluenz- auch die sog. Kohärenz-Eigenschaft [Jou83]. Erst beide Eigenschaften zusammen gewährleisten, daß für alle Terme Normalformen korrekt, d.h. modulo der von E erzeugten Kongruenz approximiert werden.

Hu80 reduziert Terme ausschließlich mit der Hilfe der Regeln in R, die Gleichungen in E bleiben bei der Reduktion unberücksichtigt. Die Reduktion modulo E wird in allen Fällen korrekt approximiert, in denen R nur linkslineare Regeln enthält und jedes kritische Paar kongruente Normalformen besitzt. Dabei ist zu beachten, daß kritische Paare einerseits durch die gegenseitige Überlappung von Regeln (vgl. Konfluenz), andererseits durch die Überlappung von Regeln und Gleichungen (vgl. Kohärenz) entstehen. PS81 verfolgt den Ansatz, den Matching-Algorithmus zu verallgemeinern und Unterterme modulo der von E erzeugten Kongruenz zu ersetzen. Entsprechend dem geänderten Reduktionsbegriff entstehen kritische Paare nun als Folge kongruenter Überlappungen, ihre Berechnung basiert auf der Unifizierung in algebraischen Theorien. Die Knuth-Bendix-Methode ist daher nur auf GTESe anwendbar, für deren Gleichungen E endliche und vollständige Unifizierungsalgorithmen verfügbar sind. Solche Algorithmen existieren u.a. für kommutative Theorien [Plo72], assoziativ-kommutative Theorien [St81, Fa84], für permutative Theorien [Jea80] und die Theorie abelscher Gruppen [La79a]. Im Gegensatz dazu sind in assoziativen Theorien vollständige Mengen von Unifizierern i.a. unendlich [Plo72]. JK86 integriert die Ansätze aus Hu80 und PS81 und kombiniert einfache und kongruente Reduktionsschritte miteinander. Die Einschränkungen auf linkslineare Regeln [Hu80] oder lineare Theorien [PS81] können so fallengelassen werden.

Die vorliegende Arbeit erweitert den Begriff der Termersetzungssysteme um Konzepte, die speziell auf die Prototyp-Generierung algebraischer Spezifikationen abgestimmt sind. Die Methode der algebraischen Spezifikation geht von der These aus, daß Datentypen Algebren sind, und bietet als Hauptinstrument Gleichungen an, um Algebren unabhängig von einer konkreten Repräsentation der Daten zu beschreiben ("abstrakter Datentyp"). Bei der semantischen Fundierung unterscheidet man im wesentlichen die Ansätze der initialen Algebra-Semantik [GTW76], der terminalen Algebra-Semanitk [Wa79] und der Verhaltenssemantik [HRe83]. Dem initialen Ansatz kommt insofern eine besondere Bedeutung zu, weil er die Operationalisierung algebraischer Spezifikationen effektiv unterstützt. Grundlage ist ein Theorem [Wa77], wonach sich die Auswertung von Grundtermen in initialen Algebren auf die Berechnung von Normalformen zurückführen läßt - Konfluenz und Termination vorausgesetzt. TESe sind folglich als Werkzeuge zur Ausführung algebraischer Spezifikationen bestens geeignet. Allerdins sind sie konzeptionell nicht mächtig genug, Aspekte der Fehlerbehandlung [Go78.1, GDLE84, Gg86] und Parametrisierung [Eh82, EKTWW81] in abstrakten Datentypen zu berücksichtigen. Genau an dieser Stelle setzt die vorliegende Arbeit an.

Um Fehler- und Ausnahmesituationen (Division durch Null, Stack Overflow,...) in abstrakten Datentypen adäquat zu beschreiben, werden algebraische Spezifikationen in GDLE84 um zwei Ausdrucksmittel angereichert: die syntaktische Klassifizierung von Funktionen in fehlereinführend und ok-Wert-erhaltend sowie die zugehörige Unterscheidung von ok- und unsicheren Variablen. Ein wesentliches Merkmal des GDLE-Ansatzes ist, daß bei einer geeigneten Fortsetzung des Modell- und Morphismusbegriffs die Verträglichkeit von initialer und operationaler Semantik bewahrt bleibt. Um die Besonderheiten von ok- und unsicheren Variablen bei der Prototyp-Generierung zu berücksichtigen, wird in Kapitel 3 der Begriff der TESe um ein Konzept zur Einschränkung von Variablenbereichen erweitert. Anschließend wird untersucht, ob und inwieweit Aussagen über die Konfluenz, die Termination und die Terminierung von Reduktionsstrategien auf TESe mit eingeschränkten Variablen verallgemeinert werden können. Im Unterschied zu EPE83 ist unser Ansatz geeignet, beliebige Einschränkungen von Variablenbereichen in Form einer halbverbandsartigen Struktur zuzulassen und Überlappungen von Regeln zu behandeln. Ähnlichkeiten bestehen zudem zu GJM85, wo Einschränkungen von Variablen durch die Einführung von Untersorten und überladenen Operatoren formuliert werden.

Das Konzept der Parametrisierung ist als Mittel zur Strukturierung algebraischer Spezifikationen geeignet, die Aspekte der Modularisierung und Wiederverwendbarkeit in abstrakten Datentypen gleichermaßen zu berücksichtigen. Die Mächtigkeit parametrischer Spezifikationen resultiert aus einem universellen Mechanismus zur Parameterübergabe, mit dessen Hilfe aus einzelnen Modulen beliebig komplexe Spezifikationen aufgebaut werden können. Kapitel 5 untersucht, inwieweit die Konzepte der Parametrisierung und der Prototyp-Generierung algebraischer Spezifikationen miteinander verträglich sind. Konkret geht es dabei um die Frage, unter welchen Voraussetzungen sich einzelne, ausführbare Module zu einer komplexen, ausführbaren Gesamtspezifikation zusammensetzen lassen. Ausgehend vom Ansatz, die Komposition ausführbarer Spezifikationen als Summe von TESen darzustellen, wird untersucht, inwieweit die Eigenschaften der Konfluenz und Termination von den "Summanden" auf das Resultat vererbt werden. Während die Konfluenz-Eigenschaft erst kürzlich als modularisierbar nachgewiesen wurde [To87a], blieb der Aspekt der Termination bisher weitgehend ungeklärt: Entweder beschränkten sich die Erkenntnisse auf Gegenbeispiele [To87b] oder die entsprechenden Aussagen waren fehlerhaft [De81, GG87]. Im folgenden wird gezeigt, daß die schwache Form der Termination ebenfalls eine modularisierbare Eigenschaft ist und daß Gleiches für die starke Termination gilt, wenn bestimmte syntaktische Einschränkungen an den Regeln (Linksdominanz, Rechtserweiterung) vorgenommen werden. Insgesamt sind die Ergebnisse geeignet, den globalen Test auf Ausführbarkeit eines Gesamtsystems durch eine Reihe lokaler Tests auf Modulebene zu ersetzen.

Anstatt einen Interpreter für TESe zur Prototyp-Generierung einzusetzen [FGJM85, Mu80b], wird in Kapitel 4 der Ansatz verfolgt, algebraische Spezifikationen in PROLOG-Programme zu übersetzen und diese auf einer PROLOG-Maschine auszuführen. Das Hauptproblem bei der Übersetzung sind die unterschiedlichen Mechanismen, die für TESe (Matching) bzw. PROLOG-Programme (Unifizierung) die Anwendung von Regeln und Programmklauseln steuern. Insbesondere müssen Terme in Teilterme zerlegt werden, um die Unifizierung, analog zum Matching, auf Teilausdrücke fortzusetzen. Je nachdem, ob die Dekomposition der Terme zur Laufzeit oder zur Übersetzungszeit erfolgt, wird zwischen einem interpretativen und einem kompilativen Übersetzungsansatz unterschieden. Für den interpretativen Ansatz, wie er in Kapitel 4 verfolgt wird, ist charakteristisch, daß die erzeugten PROLOG-Programme die Arbeitsweise eines Interpreters für TESe nachahmen: Eine explizite Kontrolle greift während der Programmausführung auf die Ersetzungsregeln zu, interpretiert sie und reduziert Terme nach einer festen, aber beliebigen Strategie. Im Unterschied zum interpretativen Ansatz, wo die Ersetzungsregeln direkt in PROLOG-Programme eingebettet sind, basiert der kompilative Ansatz [EY86, EM81] auf der Idee, alle Programmklauseln durch Kompilierung der Ersetzungsregeln zu erzeugen. Zu diesem Zweck wird die hierarchische Struktur der Terme aufgelöst und in eine äquivalente Folge elementarer Operationsaufrufe übersetzt. Inhärent ist damit eine Bottom-up-Auswertung der Terme vorgeschrieben. Während die Übersetzung von TESen in PROLOG-Programme geeignet ist, die Implementierung algebraischer Spezifikationen zu untersützen, verfolgen Goguen und Meseguer mit der Sprache Eqlog [GM84] das Ziel, die Grundkonzepte der funktionalen und logischen Programmierung in einer übergeordneten Logik zu vereinen und so die Beziehung zwischen beiden Paradigmen zu klären.

2. Grundbegriffe

In diesem Kapitel werden Begriffe und Ergebnisse zusammengestellt, die für die Untersuchung von TESen grundlegend sind. Der erste Abschnitt über relationale Eigenschaften greift eine Idee von Huet [Hu80] auf, die Begriffswelt der TESe soweit wie möglich auf beliebige, binäre Relationen auszudehnen. Im zweiten Abschnitt werden eine Reihe von Termoperationen eingeführt, die später benötigt werden, um z.B. die Auswahl von Untertermen oder das Resultat von Termersetzungen zu beschreiben.

2.1 Relationen

Gegeben sei eine binäre Relation R über einer Menge M. Dann bezeichnen R^{ε} den reflexiven Abschluß von R^{+} den transitiven Abschluß, R^{*} den reflexiven und transitiven Abschluß und $R^{\equiv}$ den reflexiven, symmetrischen und transitiven Abschluß.

Für jedes $x \in M$ bezeichne $N_R(x) = \{y \in M \mid xRy\}$ die Menge aller echten Nachfolger in R. $x \in M$ ist eine *Normalform* bzgl. R oder *R-Normalform,* falls $N_R(x) = \emptyset$. Die Menge aller R-Normalformen wird mit NF_R oder auch einfach mit NF notiert, wenn R aus dem Kontext hervorgeht. $x \in M$ ist R-*Normalform eines Elementes* $u \in M$, falls $uR^{*}x$ und $x \in NF_R$.

R heißt *stark terminierend* (oder *noethersch*), falls es keine unendliche Folge der Form $x_1Rx_2R\ldots Rx_nR\ldots$ gibt. R heißt *(schwach) terminierend,* falls es zu jedem $x \in M$ eine R-Normalform gibt, d.h. $\forall x \in M\ \exists y \in NF_R$: $xR^{*}y$.

$R \subseteq M \times M$ heißt
- *konfluent,* falls $\forall u,x,y \in M$: $[(uR^{*}x \wedge uR^{*}y) \Longrightarrow (\exists z \in M: xR^{*}z \wedge yR^{*}z)]$
- *lokal konfluent,* falls $\forall u,x,y, \in M$: $[(uRx \wedge uRy) \Longrightarrow (\exists z \in M: xR^{*}z \wedge yR^{*}z)]$
- *stark konfluent,* falls $\forall u,x,y \in M$: $[(uRx \wedge uRy) \Longrightarrow (\exists z \in M: xR^{\varepsilon}z \wedge yR^{*}z)]$

Konfluenz

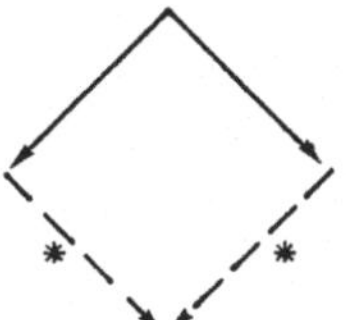

lokale Konfluenz

starke Konfluenz

Die folgenden Aussagen über konfluente und terminierende Relationen sind aus Hu80 übernommen. In Korollar 2.4 garantiert die Konfluenz die Eindeutigkeit der Normalformen und die Termination deren Existenz.

Lemma 2.1
Eine noethersche Relation $R \subseteq M \times M$ ist genau dann konfluent, wenn sie lokal konfluent ist.

Lemma 2.2
Jede stark konfluente Relation $R \subseteq M \times M$ ist konfluent.

Lemma 2.3
Sei $R \subseteq M \times M$ konfluent. Dann ist für jedes $x \in M$ die Normalform, falls sie existiert, eindeutig; diese wird mit $nf_R(x)$ oder einfach mit $nf(x)$ bezeichnet, falls R aus dem Kontext hervorgeht.

Korollar 2.4
Sei $R \subseteq M \times M$ konfluent und terminierend. Dann gibt es zu jedem $x \in M$ genau eine Normalform $nf(x)$.

Lemma 2.5
Eine Relation $R \subseteq M \times M$ ist genau dann konfluent, wenn die folgende *Church-Rosser Eigenschaft* gilt: $\forall x,y \in M$: $[xR^{\equiv}y \Longleftrightarrow \exists z \in M$: $xR^*z \wedge yR^*z]$

Satz 2.6 (Prinzip der noetherschen Induktion)
Sei $R \subseteq M \times M$ noethersch und P ein Prädikat auf M, so daß die folgende Bedingung erfüllt ist: $\forall x \in M$: $[(\forall y \in N_R(x)$: $P(y)) \Longrightarrow P(x)]$. Dann gilt $P(x)$ für alle $x \in M$.

Die folgenden Begriffe aus der Verbandstheorie basieren auf der Annahme, daß R eine partielle Ordnung auf M ist. Seien $m \in M$, $Q \subseteq M$: m heißt *kleinstes Element* von Q, wenn $m \in Q$ und $mR^{\varepsilon}q$ für alle $q \in Q$. m ist ein *maximales Element* von Q, falls $m \in Q$ und $\neg(mRq)$ für alle $q \in Q$. m ist eine *untere Schranke* von Q, wenn $mR^{\varepsilon}q$ für alle $q \in Q$. m heißt *größte untere Schranke* oder *Infimum* von Q, wenn m eine untere Schranke von Q ist und zusätzlich $nR^{\varepsilon}m$ für alle unteren Schranken n von Q gilt. Infima sind eindeutig, wann immer sie existieren. Die Menge aller maximalen Elemente in Q wird mit max(Q) bezeichnet und die Menge aller unteren Schranken von Q mit lbs(Q).

2.2 Terme und ihre Operationen

Eine *Signatur* ist ein Paar $\Sigma = (S,F)$, wobei S eine Menge von *Sorten* ist und $F = (F_{w,s})_{w \in S^*, s \in S}$ eine $S^* \times S$-indizierte Familie disjunkter Mengen von *Funktionssymbolen*. Für ein Funktionssymbol $f \in F_{s1 \ldots sn,s}$ gibt n die Stelligkeit von f an; nullstellige Funktionssymbole werden auch als *Konstanten* bezeichnet. Anstatt $f \in F_{s1 \ldots sn,s}$ wird häufig einfach $f\colon s1 \times \ldots \times sn \longrightarrow s$ notiert.

Sei $\Sigma = (S,F)$ eine Signatur und $V = (V_s)_{s \in S}$ eine S-indizierte Familie disjunkter Mengen von *Variablen*, so daß F und V keine Elemente gemeinsam haben. Die Menge der *(Σ, V)-Terme* ist eine S-indizierte Familie $T_{\Sigma,V} = (T_{\Sigma,V,s})_{s \in S}$, wobei $T_{\Sigma,V,s}$ die kleinste Menge ist, für die gilt:

(i) $F_{\lambda,s} \subseteq T_{\Sigma,V,s}$ (λ bezeichnet hier das leere Wort in S^*)

(ii) $V_s \subseteq T_{\Sigma,V,s}$

(iii) $f \in F_{s1 \ldots sn,s}$, $A_i \in T_{\Sigma,V,si}$ impliziert $f(A_1,\ldots,A_n) \in T_{\Sigma,V,s}$ $(s,si \in S,\ i=1,\ldots,n \in \mathbb{N}_0)$

Die Menge der *Grundterme* bzw. der *konstanten Terme* über Σ ist eine S-indizierte Familie $T_\Sigma = (T_{\Sigma,s})_{s \in S}$, die aus genau den (Σ,V)-Termen besteht, in denen keine Variablen vorkommen; $T_{\Sigma,s} (s \in S)$ ist also die kleinste Menge, für die gilt:

(i) $F_{\lambda,s} \subseteq T_{\Sigma,s}$

(ii) $f \in F_{s1 \ldots sn,s}$, $A_i \in T_{\Sigma,si}$ impliziert $f(A_1,\ldots,A_n) \in T_{\Sigma,s}$ $(s,si \in S,\ i=1,\ldots,n \in \mathbb{N}_0)$

Gegeben sei eine Signatur $\Sigma = (S,F)$ und eine Menge von Variablen V. Zu jedem (Σ,V)-Term liefert die Funktion

(a) sort: $T_{\Sigma,V} \longrightarrow S$ die Sorte: $\mathrm{sort}(A) = s :\Longleftrightarrow A \in T_{\Sigma,V,s}$

(b) var : $T_{\Sigma,V} \longrightarrow 2^V$ die Menge der vorkommenden Variablen
- (i) $\mathrm{var}(f) = \emptyset$ für alle Konstanten f
- (ii) $\mathrm{var}(X) = \{X\}$ für alle Variablen X
- (iii) $\mathrm{var}(f(A_1,\ldots,A_n)) = \bigcup_{i=1}^{n} \mathrm{var}(A_i)$, $n \geq 1$

(c) func: $T_{\Sigma,V} \longrightarrow 2^F$ die Menge der vorkommenden Funktionssymbole
- (i) $\mathrm{func}(f) = \{f\}$ für alle Konstanten f
- (ii) $\mathrm{func}(X) = \emptyset$ für alle Variablen X
- (iii) $\mathrm{func}(f(A_1,\ldots,A_n)) = \{f\} \cup \bigcup_{i=1}^{n} \mathrm{func}(A_i)$, $n \geq 1$

(d) depth: $T_{\Sigma,V} \longrightarrow \mathbb{N}$ seine Tiefe
- (i) $\mathrm{depth}(f) = 1$ für alle Konstanten f
- (ii) $\mathrm{depth}(X) = 1$ für alle Variablen X
- (iii) $\mathrm{depth}(f(A_1,\ldots,A_n)) = 1 + \max \{\mathrm{depth}(A_1),\ldots,\mathrm{depth}(A_n)\}$

(e) $|\_|$: $T_{\Sigma,V} \longrightarrow \mathbb{N}$ seine Länge
- (i) $|f| = 1$ für alle Konstanten f
- (ii) $|X| = 1$ für alle Variablen X
- (iii) $|f(A_1,\ldots,A_n)| = (\sum_{i=1}^{n} |A_i|) + 1$, $n \geq 1$

(f) top: $T_{\Sigma,V} \longrightarrow F \cup V$ das äußerste Symbol
- (i) $\mathrm{top}(f) = f$ für alle Konstanten f
- (ii) $\mathrm{top}(X) = X$ für alle Variablen X
- (iii) $\mathrm{top}(f(A_1,\ldots,A_n)) = f$, $n \geq 1$

In vielen Fällen ist es hilfreich, Terme als geordnete Bäume zu betrachten:

(i) Jede Konstante $f \in F$ und jede Variable $X \in V$ wird durch einen Baum repräsentiert, der nur aus einem, mit f bzw. X markierten Knoten besteht.

(ii) Ein Term der Form $f(A_1,\ldots,A_n)$, $n \geq 1$, wird repräsentiert durch

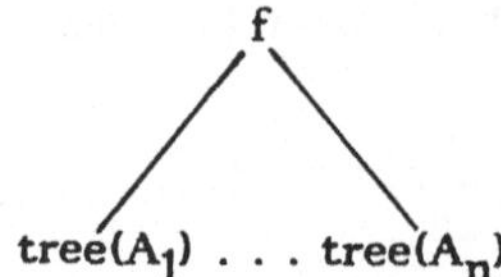

wobei $tree(A_i)$ $(i=1,\ldots,n)$ für den Baum steht, der A_i repräsentiert.

Die Knoten eines Baumes werden durch Folgen natürlicher Zahlen adressiert: die leere Folge () bezeichnet die Wurzel, und zu einem Knoten $x \in \mathbb{N}^*$ bezeichnet die Konkatenation $x \cdot (i)$ den i-ten Sohn von x. Die Funktion dom: $T_{\Sigma,V} \longrightarrow 2^{\mathbb{N}^*}$ liefert dann zu jedem (Σ,V)-Term den *Adreßbereich*

(i) $dom(f) = \{()\}$ für alle Konstanten f

(ii) $dom(X) = \{()\}$ für alle Variablen X

(iii) $dom(f(A_1,\ldots,A_n)) = \{()\} \cup \bigcup_{i=1}^{n} \{(i)\cdot u \mid u \in dom(A_i)\}$, $n \geq 1$

Die nachfolgenden Notationen und Bezeichnungen dienen dazu, Knotenadressen bzw. Mengen von Knotenadressen miteinander zu vergleichen.

(a) $\leq$ ist die lexikographische Ordnung auf $\mathbb{N}^*$. Für alle $a,b \in \mathbb{N}$ und $w,u \in \mathbb{N}^*$ gilt
   (i) $() \leq w$
   (ii) $(a)\cdot w \leq (b)\cdot u \;:\Longleftrightarrow\; a<b \vee (a=b \wedge w \leq u)$

(b) anc ist die Vorfahren- oder Präfixrelation auf $\mathbb{N}^*$:
   $x \text{ anc } y \;:\Longleftrightarrow\; \exists w \in \mathbb{N}^*: x\cdot w = y$

(c) $anc_{\neq}$ ist die echte Vorfahrenrelation auf $\mathbb{N}^*$:
   $x \text{ anc}_{\neq}\, y \;:\Longleftrightarrow\; x \text{ anc } y \wedge x \neq y$

(d) $\perp$ ist die Unabhängigkeitsrelation auf $\mathbb{N}^*$:
   $x \perp y \;:\Longleftrightarrow\; \neg(x \text{ anc } y) \wedge \neg(y \text{ anc } x)$

(e) $\bot$ ist die Unabhängigkeitsrelation auf $2^{\mathbb{N}^*}$:
   $M \bot N \;:\Longleftrightarrow\; \forall x \in M, y \in N: x \perp y$

(f) $M \subseteq \mathbb{N}^*$ ist eine *unabhängige Menge* gdw. $\forall x,y \in M: x \perp y \vee x=y$

(g) $P^{\perp}(\mathbb{N}^*) = \{M \subseteq \mathbb{N}^* \mid M$ ist eine endliche, unabhängige Menge$\}$

Termadressen sind geeignet, Unterterme eindeutig zu identifizieren und das Ergebnis von Untertermersetzungen zu beschreiben:

Sei A ein (Σ,V)-Term. Der *Unterterm* von A an der Stelle $x \in dom(A)$ wird mit A/x bezeichnet:

(i) $A/() = A$

(ii) $f(A_1,\ldots,A_i,\ldots,A_n)/(i)\cdot u = A_i/u$

Gegeben seien $A,B \in T_{\Sigma,V}$ und $x \in dom(A)$, so daß A/x und B Terme gleicher Sorte sind. Der (Σ,V)-Term, der entsteht, wenn man in A den Unterterm an der Stelle x durch B ersetzt, wird mit $A[x \leftarrow B]$ bezeichnet:

(i) $A[() \leftarrow B] = B$

(ii) $f(A_1,\dots,A_i,\dots,A_n)[(i) \cdot u \leftarrow B] = f(A_1,\dots,A_i[u \leftarrow B],\dots,A_n)$

Seien $A \in T_{\Sigma,V}$, $x \in dom(A)$, $X \in V$. Dann bezeichnet Ax das Funktionssymbol in A an der Stelle x: $Ax = top(A/x)$; $A^{-1}X$ liefert alle Adressen in A, an denen die Variable X vorkommt: $A^{-1}X = \{x \in dom(A) \mid Ax = X\}$.
Um zwischen Adressen von Funktionssymbolen und Adressen von Variablen zu unterscheiden, wird dom(A) in disjunkte Teilmengen $dom_F(A) = \{x \in dom(A) \mid Ax \in F\}$ und $dom_V(A) = \{x \in dom(A) \mid Ax \in V\}$ zerlegt.
Die Funktion dif: $T_{\Sigma,V} \times T_{\Sigma,V} \longrightarrow \mathbb{N}^*$ liefert die erste Adresse gemäß Präorder, an der sich zwei Terme unterscheiden:

$$dif(A,B) = \begin{cases} x & \text{, falls } Ax \neq Bx \wedge (\forall y\colon Ay \neq By \Longrightarrow x \leq y) \\ \text{undef.} & \text{, falls } A=B \end{cases}$$

Lemma 2.7

(1) Seien $A,B,C \in T_{\Sigma,V}$, $u \in dom(A)$, $v \in dom(B)$.

(a) $A[u \leftarrow B]/u \cdot v = B/v$

(b) $A[u \leftarrow B][u \cdot v \leftarrow C] = A[u \leftarrow B[v \leftarrow C]]$

(c) $A[u \leftarrow A/u] = A$

(2) Seien $A,B,C \in T_{\Sigma,V}$, $u,v \in dom(A)$ mit $u \perp v$.

(a) $A[u \leftarrow B]/v = A/v$

(b) $A[u \leftarrow B][v \leftarrow C] = A[v \leftarrow C][u \leftarrow B]$

(3) Seien $A,B,C \in T_{\Sigma,V}$, $u,v \in dom(A)$ mit v anc u. Dann gilt

$A[u \leftarrow B][v \leftarrow C] = A[v \leftarrow C]$

(4) Für alle $A,B \in T_{\Sigma,V}$, $x \cdot y \in dom(A)$ gilt:

(a) $(A/x)/y = A/x \cdot y$

(b) $A[x \cdot z \leftarrow B]/x = A/x[z \leftarrow B]$

Sei A ein (Σ,V)-Term und $M \subseteq dom(A)$ eine unabhängige Menge. Für jedes $x \in M$ bezeichne B_x einen (Σ,V)-Term, so daß $sort(B_x) = sort(A/x)$ gilt. Dann folgt aus Lemma 2.7(2b) induktiv, daß die Reihenfolge der durch M beschriebenen Untertermersetzungen unerheblich ist, und es wird für $M = \{x_1,\dots,x_n\}$ die *simultane Ersetzung* von Untertermen wie folgt definiert: $A[x \leftarrow B_x \mid x \in M] = A[x_1 \leftarrow B_{x_1}] \dots [x_n \leftarrow B_{x_n}]$
Aus Gründen der Bequemlichkeit wird das Notationsschema für simultane Ersetzungen häufig in der allgemeineren Form $A[x(i) \leftarrow B(i) \mid i \in I]$ verwendet. Dabei sind x(i) und B(i) Ausdrücke, die für jede Aktualisierung der Laufvariablen i eine Adresse bzw. einen (Σ,V)-Term bezeichnen, so daß gilt: $sort(B(i)) = sort(A/x(i))$ und $x(i) \perp x(j)$ für $i \neq j$.

3. Termersetzungssysteme mit eingeschränkten Variablen

3.1 Motivation

Termersetzungssysteme (TESe) sind ein algorithmisches Modell aus dem Bereich der funktionalen Programmierung. Die Funktionen werden durch rekursive Regeln spezifiziert und durch Untertermersetzung ohne explizite Kontrolle ausgewertet. Die Semantik eines TES ist wohldefiniert, wenn die Auswertung terminiert und das Ergebnis nicht von der Wahl der Regeln abhängt, die bei der Reduktion angewandt werden.

Das folgende TES ist ein Programm für die Addition und die Multiplikation auf den natürlichen Zahlen.

Beispiel 3.1

<u>nat</u>

SORTS:		nat
OPNS:		zero: ⟶ nat
		succ: nat ⟶ nat
		add: nat × nat ⟶ nat
		mult: nat × nat ⟶ nat
VARS:		N,M: nat
RULES:	(N1)	add(zero,N) ⟶ N
	(N2)	add(succ(N),M) ⟶ succ(add(N,M))
	(N3)	mult(zero,N) ⟶ zero
	(N4)	mult(succ(N),M) ⟶ add(mult(N,M),M)

Jeder (Unter-)Term, der mit der linken Seite einer Regel bzw. einer Ausprägung davon übereinstimmt, kann durch die korrespondierende rechte Seite ersetzt werden. Ein Term A reduziert sich zu einer Normalform, wenn es eine endliche Folge von Ersetzungsschritten gibt, die A in einen Term überührt, auf den keine weitere Regel anwendbar ist. Es gilt z.B.

$$
\begin{aligned}
& \text{mult(succ(zero),add(succ(zero),succ(zero)))} \\
\xrightarrow[(N2)]{} \; & \text{mult(succ(zero),succ(add(zero,succ(zero))))} \\
\xrightarrow[(N1)]{} \; & \text{mult(succ(zero),succ(succ(zero)))} \\
\xrightarrow[(N4)]{} \; & \text{add(mult(zero,succ(succ(zero))),succ(succ(zero)))} \\
\xrightarrow[(N3)]{} \; & \text{add(zero,succ(succ(zero)))} \\
\xrightarrow[(N1)]{} \; & \text{succ(succ(zero))}
\end{aligned}
$$

entsprechend der Intention, daß $1 \cdot (1+1) = 2$.

Trotz der verschiedenen Alternativen, den obigen Term zu reduzieren, führt jede Reduktion auf dieselbe irreduzible Form. Die Konfluenz ist verantwortlich für die Eindeutigkeit der Normalformen, die Termination für ihre Existenz; beide Eigenschaften zusammen garantieren, daß Grundterme genau dann dieselbe Normalform haben, wenn ihre Gleichheit im Gleichungskalkül (d.h. mit den Axiomen der Reflexivität, Transitivität, Symmetrie und des operationalen Abschlusses) herleitbar ist [Wa77]. Diese Charakterisierung liefert die Rechtfertigung dafür, Normalformen als Bedeutung von Termen zu interpretieren und die Auswertung von Funktionen auf die Berechnung von Normalformen zurückzuführen. Die operationale Semantik eines TES ist als Normalform-Algebra dann wie folgt definiert: Träger der Algebra ist die Menge der konstanten Normalformen $NF = (NF_s)_{s \in S}$; die operationale Struktur ist dadurch gegeben, daß es zu jedem Funktionssymbol $f\colon s_1 \times \ldots \times s_k \longrightarrow s$ eine Funktion $f_{NF}\colon NFs_1 \times \ldots \times NFs_k \longrightarrow NF_s$ gibt mit $f_{NF}(A_1, \ldots, A_n) = nf(f(A_1, \ldots, A_n))$.

Beispiel 3.2

Für nat ist die Normalform-Algebra isomorph zum intendierten Modell:

$$NF_{nat} = \{succ^n(zero) \mid n \in \mathbb{N}_0\}$$
$$zero_{NF} = zero$$
$$succ_{NF}(succ^n(zero)) = succ^{n+1}(zero)$$
$$add_{NF}(succ^n(zero), succ^m(zero)) = succ^{n+m}(zero)$$
$$mult_{NF}(succ^n(zero), succ^m(zero)) = succ^{n \cdot m}(zero)$$

Konfluenz und Termination garantieren nicht nur die Wohldefiniertheit der Normalform-Algebra, sondern sorgen dafür, daß es zu der operationalen Semantik von TESen eine kompatible deklarative Semantik gibt. Die Verträglichkeit beider Semantik-Begriffe basiert darauf, daß die Normalform-Algebra (bis auf Isomorphie) eindeutig als Algebra charakterisiert ist, die operationserzeugt ist und genau die Gleichungen erfüllt, die aus den konstanten Ausprägungen der Ersetzungsregeln semantisch folgern.

Die Konzepte gewöhnlicher TESe sind jedoch nicht in jedem Fall mächtig genug, berechenbare Funktionen adäquat zu spezifizieren. Für das ≤-Prädikat auf den ganzen Zahlen gibt es z.B. keine angemessene Spezifikation, für die die Termreduktion konfluent ist. Eine Möglichkeit, die Ausdrucksfähigkeit von TESen zu verbessern, ist die Einführung versteckter Funktionen. Bei allen Funktionen, die als versteckt ("hidden") deklariert sind, handelt es sich um interne Funktionen; sie sind nicht Teil des Datentyps und dürfen deshalb nicht benutzt werden, um von außen auf Daten zuzugreifen.

Beispiel 3.3

int1

SORTS:	int, bool
OPNS:	true: ⟶ bool
	false: ⟶ bool
	zero: ⟶ int
	succ: int ⟶ int
	pred: int ⟶ int
	s: int ⟶ int (hidden)
	p: int ⟶ int (hidden)
	_≤_: int × int ⟶ bool /*Infixnotation*/
VARS:	X,Y: int
RULES:	succ(zero) ⟶ s(zero)
	succ(s(X)) ⟶ s(s(X))
	succ(p(X)) ⟶ X
	pred(zero) ⟶ p(zero)
	pred(s(X)) ⟶ X
	pred(p(X)) ⟶ p(p(X))
	zero ≤ zero ⟶ true
	zero ≤ s(X) ⟶ true
	s(X) ≤ zero ⟶ false
	zero ≤ p(X) ⟶ false
	p(X) ≤ zero ⟶ true
	s(X) ≤ s(Y) ⟶ X ≤ Y
	p(X) ≤ p(Y) ⟶ X ≤ Y
	s(X) ≤ p(Y) ⟶ false
	p(X) ≤ s(Y) ⟶ true

Eine Reduktionsfolge heißt zulässig, wenn sie mit einem Term beginnt, in dem keine versteckten Symbole vorkommen. Daten werden ausschließlich durch solche Normalformen repräsentiert, die über eine zulässige Reduktionsfolge erreichbar sind. In int1 sind dies die booleschen Werte true, false und die Menge $\{p^n(zero) | n \in N_0\} \cup \{s^n(zero) | n \in N_0\}$ der ganzen Zahlen. Operationen auf den Daten können nur mit den Funktionen ausgeführt werden, die nicht als versteckt deklariert sind. Für die versteckten Symbole ist keine entsprechende Bedeutung erklärt. Der Ansatz, sie als Funktionen zu behandeln, scheitert wegen der fehlenden Abgeschlossenheit auf den vorgegebenen Datenbereichen.

Das Konzept der versteckten Funktionen paßt nur bedingt mit den übrigen Konzepten in TESen zusammen. Es ist insbesondere nicht mit der Idee vereinbar, Regeln als Gleichungen zu interpretieren und die Semantik von TESen deklarativ zu erklären. Dies gibt Anlaß, nach "verträglicheren" Ansätzen zu suchen: Das Konzept der bedingten Regeln ist in natürlicher Weise geeignet, die Expressivität von TESen zu erhöhen; gleichzeitig bewahrt es den deklarativen Charakter von Ersetzungsregeln. Die semantische Fundierung bedingter TESe basiert auf einem verallgemeinerten Reduktionsbegriff. Die Termersetzung ist nicht mehr allein durch 'pattern matching' erklärt, sondern ist an zusätzliche Bedingungen gebunden. Letztere werden explizit als Prämissen von Regeln formuliert und sollen helfen, die (Unter-)Terme zu qualifizieren, auf die eine Regel anwendbar ist.

Beispiel 3.4

int2

SORTS:	int, bool
OPNS:	true: ⟶ bool
	false: ⟶ bool
	zero: ⟶ int
	succ: int ⟶ int
	pred: int ⟶ int
	_≤_: int × int ⟶ int
VARS:	X,Y: int
RULES:	succ(pred(X)) ⟶ X
	pred(succ(X)) ⟶ X
	zero ≤ zero ⟶ true
	zero ≤ pred(zero) ⟶ false
	zero ≤ X ⟶ true ⟹ zero ≤ succ(X) ⟶ true
	zero ≤ X ⟶ false ⟹ zero ≤ pred(X) ⟶ false
	succ(X) ≤ Y ⟶ X ≤ pred(Y)
	pred(X) ≤ Y ⟶ X ≤ succ(Y)

Eine bedingte Regel trägt nur dann zu einem Reduktionsschritt bei, wenn sich ihre Prämisse geeignet auswertet. Da die Auswertung von Prämissen selbst wieder auf Termersetzung zurückgeführt wird, müssen Normalformen rekursiv berechnet werden. Im schlimmsten Fall gerät die Rekursion dabei in eine Endlosschleife, und zwar sogar dann, wenn die Reduktionsrelation noethersch und konfluent ist [Ka85]. Für den Fall, daß die Rekursion anhält, wachsen die Kosten für die Reduktion oft so stark an, daß die Berechnung von Normalformen zeitaufwendig und ineffizient wird.

Das Konzept der beschränkten Variablen zielt darauf, Expressivität und Effizienz miteinander zu verbinden. Es basiert auf der Idee, den Substitutionsbereich von Variablen einzuschränken und bestimmte Terme als Belegung von Variablen auszuschließen. Bezogen auf das obige Beispiel, läßt sich das ≤-Prädikat auf den ganzen Zahlen bequem definieren, wenn man spezielle Variablen für positive und negative Werte bereithält.

Beispiel 3.5

int3

SORTS:		int, bool
OPNS:		true: ⟶ bool
		false: ⟶ bool
		zero: ⟶ int
		succ: int ⟶ int
		pred: int ⟶ int
		_≤_: int × int ⟶ int
VARS:		X,Y: int
		P: int {zero,succ}
		N: int {zero,pred}
RULES:	(I1)	succ(pred(X)) ⟶ X
	(I2)	pred(succ(X)) ⟶ X
	(I3)	zero ≤ P ⟶ true
	(I4)	zero ≤ pred(N) ⟶ false
	(I5)	succ(X) ≤ Y ⟶ X ≤ pred(Y)
	(I6)	pred(X) ≤ Y ⟶ X ≤ succ(Y)

Für jede Variable ist der Substitutionsbereich durch eine ihr zugeordnete Menge von Funktionssymbolen (default: alle) spezifiziert: als gültige Belegungen einer Variablen sind nur solche Terme zugelassen, die ausschließlich aus den angegebenen Funktionssymbolen aufgebaut sind. Welche Konsequenzen die Einschränkung von Variablenbereichen auf die Reduktionsrelation hat, zeigt sich z.B. anhand des Ausdrucks pred(succ(zero)) ≤ pred(zero). Während die klassische Termauswertung mehrdeutige Normalformen liefert, sorgen die eingeschränkten Variablen P und N dafür, daß verzweigende Reduktionen wieder zusammenlaufen. Letzteres wird durch das untere Diagramm verdeutlicht, in dem alle zulässigen Reduktionsfolgen für pred(succ(zero)) ≤ pred(zero) zusammengefaßt sind.

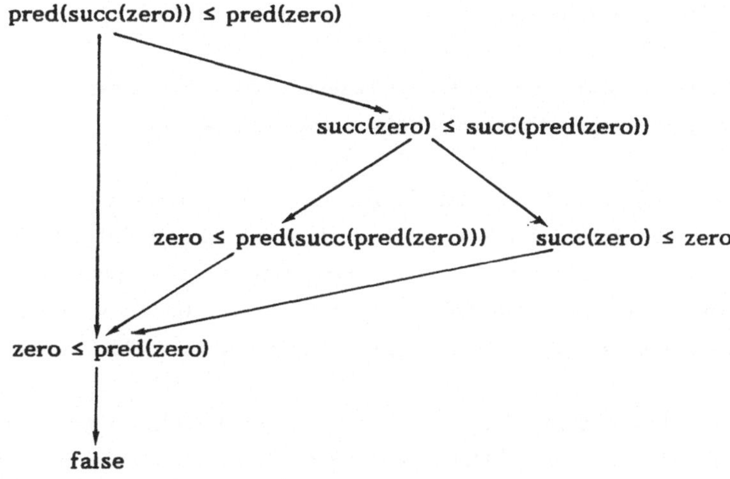

Da Effizienz und Expressivität gegenläufige Kriterien sind, wird es eine unter beiden Aspekten optimale Lösung nicht geben können. Während jedoch die Konzepte der versteckten Funktionen und bedingten Regeln jeweils einen Aspekt auf Kosten des anderen betonen, ist das Konzept der beschränkten Variablen geeignet, Expressivität und Effizienz gleichermaßen zu berücksichtigen. Unter der Annahme, daß die Effizienz allein von den Kosten abhängt, die bei der Termreduktion entstehen, und daß Expressivität sich sowohl auf die Mächtigkeit von Konzepten als auch auf deren Verständlichkeit (Stichwort: deklarative Semantik) bezieht, ergibt sich folgende Bewertung.

	Expressivität	Effizienz
hoch	**bedingte Regeln** (semantische gesteuerte Reduktion)	**versteckte Funktionen** (klassische Reduktion)
	beschränkte Variablen (syntaktisch gesteuerte Reduktion)	**beschränkte Variablen** (Gültigkeitsprüfung von Variablenbelegungen)
gering	**versteckte Funktionen** (nicht-deklarativ)	**bedingte Regeln** (rekursive Termauswertung)

3.2 Theoretische Grundlagen

Die Begriffe Termination und Konfluenz bezeichnen Eigenschaften von TESen, die sich unter verschiedenen Gesichtspunkten als elementar erweisen:

Aus Sicht der Programmierung sind TESe applikative Programme, deren (operationale) Bedeutung die Funktionen der Normalform-Algebra sind (vgl. 3.1). Die Termination und die Konfluenz der Reduktionsrelation gewährleisten, daß die spezifizierten Funktionen total und berechenbar sind und daß die operationale Semantik mit dem Ansatz verträglich ist, Ersetzungsregeln als Gleichungen zu interpretieren ("deklarative Semantik").

Aus Sicht der Logik sind TESe ein Werkzeug zur Deduktion im Gleichungskalkül. Grundlage ist ein Theorem [HO80], wonach die Termreduktion eine konsistente und vollständige Inferenzregel für Gleichungsmengen ist, deren Reduktionsrelationen terminierend und konfluent sind [1]. Dadurch, daß das Gültigkeitsproblem auf die Berechnung von Normalformen reduziert wird, gewährleisten Konfluenz und Termination gemeinsam die Entscheidbarkeit des Gleichungskalküls.

Ein zentrales Problem ist die Verifikation der Konfluenz und Termination, denn beide Eigenschaften sind i.a. für TESe nicht entscheidbar [HL78, HO80]. Aufgabe der Theorie ist es, diese Lücke zu schließen und syntaktische Kriterien bereitzustellen, die hinreichend sind, die Konfluenz und Termination für eine (signifikante) Teilklasse von TESen nachzuweisen. Als grundlegende Techniken haben sich hierbei die Konstruktion "vereinfachender Ordnungen" [De82] und die Berechnung "kritischer Paare" [Hu80] bewährt. Ob und wie diese Techniken geeignet sind, die Einschränkung von Variablenbereichen zu berücksichtigen, soll im folgenden untersucht werden.

3.2.1 Unifikation

Eine notwendige Bedingung für die Konfluenz von TESen ist die Zusammenführung kritischer Paare. Kritische Paare repräsentieren verzweigende Reduktionen, die dadurch entstehen, daß sich die linken Seiten von Ersetzungsregeln überlappen. Grundlage für die Berechnung kritischer Paare ist ein Algorithmus zur Konstruktion schwächster Unifikatoren ("Unifikationsalgorithmus"). Dieser existiert für unbeschränkte Variablen nach

---

[1] In einer mehrsortigen Logik ist die Klasse der Modelle so zu definieren, daß die Individuenbereiche für alle Sorten nicht-leer sind [vgl. GM81].

dem Unifikationstheorem von Robinson [Ro65]. Für eingeschränkte Variablen ist die Existenz schwächster Unifikatoren nur gewährleistet, wenn die Variablenbereiche in einem gewissen Sinn abgeschlossen sind.

Definition 3.1

Sei $\Sigma=(S,F)$ eine Signatur. Eine Menge $D \subseteq 2^F$ ist ein *Bereichsteiler* über Σ, wenn sie bzgl. des Durchschnitts abgeschlossen ist, d.h. wenn gilt: $d,d' \in D \Longrightarrow d \cap d' \in D$.

Definition 3.2

Sei $\Sigma=(S,F)$ eine Signatur und D ein Bereichsteiler über Σ. Eine *Variablendeklaration* über Σ und D ist eine Familie $V=(V_{d,s})_{d \in D, s \in S}$ von disjunkten, unendlichen Mengen formaler Variablen, die keine Elemente mit F gemeinsam haben. Die Funktionen sort: $V \longrightarrow S$ und range: $V \longrightarrow D$ liefern zu jeder Variablen $X \in V_{d,s}$ deren Sorte bzw. Bereich, d.h. sort(X)=s und range(X)=d.

Für gewisse Zwecke, wie etwa die Termbildung, wird eine Variablendeklaration $V=(V_{d,s})_{d \in D, s \in S}$ als S-indizierte Mengenfamilie $V=(V_s)_{s \in S}$ mit $V_s=\bigcup_{d \in D} V_{d,s}$ aufgefaßt.

Definition 3.3

Sei $\Sigma=(S,F)$ eine Signatur und $V=(V_{d,s})_{d \in D, s \in S}$ eine Variablendeklaration. Eine (Σ,V)-*Substitution* ist eine endliche Menge $\Theta \subseteq (V_s \times T_{\Sigma,V,s})_{s \in S}$, so daß für je zwei Elemente $X \leftarrow A, Y \leftarrow B \in \Theta$ gilt:

(1) $X \neq A$

(2) $X=Y \Longrightarrow A=B$

(3) $\text{func}(A) \subseteq \text{range}(X)$

(4) $\forall Z \in \text{var}(A): \text{range}(Z) \subseteq \text{range}(X)$

Die Menge aller (Σ,V)-Substitutionen wird mit $SUB_{\Sigma,V}$ bezeichnet. Die Abbildung $DOM: SUB_{\Sigma,V} \longrightarrow 2^V$ liefert zu jeder (Σ,V)-Substitution Θ die Menge der zu ersetzenden Variablen: $DOM(\Theta)=\{X \mid \exists A: X \leftarrow A \in \Theta\}$.

Nach Punkt (3) werden Variablen stets durch solche Terme substituiert, deren Funktionssymbole sämtlich in dem Bereich der Variablen liegen. Punkt (4) garantiert, daß die Komposition zweier Substitutionen wieder eine Substitution ist. Beide Punkte sind im klassischen Fall D={F} ("nur unbeschränkte Variablen") redundant, weil sie a priori für alle Teilmengen von $V \times T_{\Sigma,V}$ erfüllt sind.

Der in Def. 3.3 gewählte Ansatz, als Substitutionen nur endliche Mengen zuzulassen, ist für eine maschinelle Verarbeitung besonders geeignet. Möglich ist dieser Ansatz jedoch nur, weil die Anzahl der Variablen in jedem Term endlich ist und endliche Substitutionen ausreichen, um alle Ausprägungen von Termen zu beschreiben.

Definition 3.4

Sei A ein (Σ,V)-Term und θ eine (Σ,V)-Substitution. Der (Σ,V)-Term $A\theta$, der entsteht, wenn man die Variablen in A gemäß θ substituiert, ist rekursiv über der Struktur von A definiert:

(i) $f\theta = f$ für alle Konstanten f

(ii) $X\theta = \begin{cases} B, & \text{falls } X{\leftarrow}B\in\theta \\ X, & \text{sonst} \end{cases}$ für alle Variablen X

(iii) $f(A_1,\ldots,A_n)\theta = f(A_1\theta,\ldots,A_n\theta)$ $(n\geq 1)$

$A\theta$ wir als *Ausprägung* von A bezeichnet.

Definition 3.5

Zwei (Σ,V)-Terme A und B sind *gleich bis auf Umbenennung von Variablen,* i.Z. $A\cong B$, wenn es (Σ,V)-Substitutionen θ,λ gibt, so daß $A\theta=B$ und $B\lambda=A$ gilt.

Die Gleichheit bis auf Umbenennung läßt sich auf beliebige n-Tupel $(A_1,\ldots,A_n)$ und $(B_1,\ldots,B_n)$ von (Σ,V)-Termen fortsetzen. In diesem Fall ist zu fordern, daß $A_i\theta=B_i$ und $B_i\lambda=A_i$ für alle $i=1,\ldots,n$ gilt.

Definition 3.6

Seien $\theta=\{X_1{\leftarrow}A_1,\ldots,X_n{\leftarrow}A_n\}$ und $\lambda=\{Y_1{\leftarrow}B_1,\ldots,Y_m{\leftarrow}B_m\}$ $(n,m\geq 0)$ (Σ,V)-Substitutionen. Die *Komposition* $\theta\lambda$ ist die kleinste (Σ,V)-Substitution, für die gilt:

(1) $A_j\lambda \neq X_j \Longrightarrow X_j{\leftarrow}A_j\lambda \in \theta\lambda$ $(j=1,\ldots,n)$

(2) $Y_i \notin \{X_1,\ldots,X_n\} \Longrightarrow Y_i{\leftarrow}B_i \in \theta\lambda$ $(i=1,\ldots,m)$

Eine Substitution $\theta\subseteq V\times T_{\Sigma,V}$ wird in trivialer Weise zu einer Funktion $sub_\theta\colon V \longrightarrow T_{\Sigma,V}$ erweitert, wenn man sie um alle Paare (X,X) mit $X\in(V\text{-}DOM(\theta))$ ergänzt. $sub_\theta\colon V \longrightarrow T_{\Sigma,V}$ läßt sich dann zu einer Abbildung $sub_\theta^*\colon T_{\Sigma,V} \longrightarrow T_{\Sigma,V}$ fortsetzen, die jedem (Σ,V)-Term A seine Ausprägung $A\theta$ zuordnet:

(i) $sub_\theta^*(f) = f$ für alle Konstanten f

(ii) $sub_\theta^*(X) = sub_\theta(X)$ für alle Variablen X

(iii) $sub_\theta^*(f(A_1,\ldots,A_n)) = f(sub_\theta^*(A_1),\ldots,sub_\theta^*(A_n))$ $(n\geq 1)$

Der Zusammenhang zwischen mengenorientierter und funktionenorientierter Sichtweise von Substitutionen wird durch die folgenden Verträglichkeitsgesetze präzisiert:

(V1) $\theta=\lambda \Longleftrightarrow sub_\theta = sub_\lambda$

(V2) $sub_\theta^*(A) = A\theta$

(V3) $sub_{\theta\lambda}^* = sub_\theta^* \circ sub_\lambda^*$

Unter Zuhilfenahme der Verträglichkeiten (V1) - (V3) lassen sich eine Reihe von Rechenregeln für Substitutionen bequem herleiten. So folgt z.B. aus (V2) und (V3), daß die Komposition gerade der Hintereinanderschaltung zweier Substitutionen entspricht. Aus Gründen der Geschlossenheit wird jedoch das Prinzip vorgezogen, alle Rechengesetze für Substitutionen ausschließlich auf der Basis des mengenorientierten Ansatzes zu verifizieren. Seien A,B (Σ,V)-Terme und θ,β,λ (Σ,V)-Substitutionen. Dann gilt:

Lemma 3.1: $(A\theta)\lambda = A(\theta\lambda)$

Beweis: strukturelle Induktion

I. Induktionsanfang

Für jede Konstante f: $(f\theta)\lambda = f\lambda = f = f(\theta\lambda)$. Für Variablen zeigt man $(X\theta)\lambda = X(\theta\lambda)$ durch Fallunterscheidung:

Fall 1: $X \in DOM(\theta)$

Sei o.B.d.A. (*) $X \leftarrow B \in \theta$. Dann ist $(X\theta)\lambda = B\lambda$. Daß ebenso $X(\theta\lambda) = B\lambda$ gilt, sieht man durch Fallunterscheidung:

$X \neq B\lambda$: Mit (*) ist dann $X \leftarrow B\lambda \in \theta\lambda$, so daß $X(\theta\lambda) = B\lambda$

$X = B\lambda$: Wegen (*) ist $X \notin DOM(\theta\lambda)$. Aus $X(\theta\lambda) = X$ folgt dann $X(\theta\lambda) = B\lambda$.

Fall 2: $X \notin DOM(\theta)$

Dann folgt sofort $(X\theta)\lambda = X\lambda$. Ebenso gilt $X(\theta\lambda) = X\lambda$, wie man durch Fallunterscheidung sieht:

$X \in DOM(\lambda)$: Sei o.B.d.A. $X \leftarrow B \in \lambda$. Wegen Fall 2 ist auch $X \leftarrow B \in \theta\lambda$, so daß $X(\theta\lambda) = B = X\lambda$

$X \notin DOM(\lambda)$: Wegen Fall 2 ist $X \notin DOM(\theta\lambda)$, und es gilt: $X(\theta\lambda) = X = X\lambda$.

II. Induktionsschluß

$$
\begin{aligned}
& (f(A_1,\ldots,A_n)\theta)\lambda \\
= \; & (f(A_1\theta,\ldots,A_n\theta))\lambda \\
= \; & f((A_1\theta)\lambda,\ldots,(A_n\theta)\lambda) \\
= \; & f(A_1(\theta\lambda),\ldots,A_n(\theta\lambda)) && \text{[mit Induktionsannahme]} \\
= \; & f(A_1,\ldots,A_n)(\theta\lambda)
\end{aligned}
$$

□

Korollar 3.2: $\theta(\beta\lambda) = (\theta\beta)\lambda$

Beweis: Sei X eine beliebige Variable. Mit Lemma 3.1 gilt dann:

$$X(\theta(\beta\lambda)) = (X\theta)(\beta\lambda) = ((X\theta)\beta)\lambda = (X(\theta\beta))\lambda = X((\theta\beta)\lambda)$$

□

Lemma 3.3: $A\emptyset = A$

Beweis: strukturelle Induktion

Für alle Konstanten und Variablen folgt die Beh. direkt auf Def. 3.4. Der Induktionsschluß folgt aus: $f(A_1,\ldots,A_n)\emptyset = f(A_1\emptyset,\ldots,A_n\emptyset) = f(A_1,\ldots,A_n)$ □

Korollar 3.4: $\theta\emptyset = \emptyset\theta = \theta$

Beweis: Sei X eine beliebige Variable. Dann folgt mit Lemma 3.1 und 3.3:

$X(\theta\emptyset) = (X\theta)\emptyset = X\theta = (X\emptyset)\theta = X(\emptyset\theta)$ □

Lemma 3.5: $A\theta/x = (A/x)\theta$ für alle $x \in dom(A)$

Beweis: strukturelle Induktion

Es ist $A\theta/() = A\theta = (A/())\theta$

Ferner:
$$
\begin{aligned}
& (f(A_1,\ldots,A_i,\ldots,A_n)/(i)\cdot z)\theta \\
&= f(A_1,\ldots,A_i/z,\ldots,A_n)\theta \\
&= f(A_1\theta,\ldots,(A_i/z)\theta,\ldots,A_n\theta) \\
&= f(A_1\theta,\ldots,A_i\theta/z,\ldots,A_n\theta) \qquad \text{[mit Induktionsannahme]} \\
&= f(A_1\theta,\ldots,A_i\theta,\ldots,A_n\theta)/(i)\cdot z \\
&= f(A_1,\ldots,A_i,\ldots,A_n)\theta/(i)\cdot z
\end{aligned}
$$
□

Lemma 3.6: $A[x \leftarrow B]\theta = A\theta[x \leftarrow B\theta]$ für alle $x \in dom(A)$

Beweis: strukturelle Induktion

Es gilt: $A[() \leftarrow B]\theta = B\theta = A\theta[() \leftarrow B\theta]$

Ferner:
$$
\begin{aligned}
& f(A_1,\ldots,A_i,\ldots,A_n)[(i)\cdot z \leftarrow B]\theta \\
&= f(A_1,\ldots,A_i[z \leftarrow B],\ldots,A_n)\theta \\
&= f(A_1\theta,\ldots,A_i[z \leftarrow B]\theta,\ldots,A_n\theta) \\
&= f(A_1\theta,\ldots,A_i\theta[z \leftarrow B\theta],\ldots,A_n\theta) \qquad \text{[mit Induktionsannahme]} \\
&= f(A_1\theta,\ldots,A_i\theta,\ldots,A_n\theta)[(i)\cdot z \leftarrow B\theta] \\
&= f(A_1,\ldots,A_i,\ldots,A_n)\theta[(i)\cdot z \leftarrow B\theta]
\end{aligned}
$$
□

Definition 3.7

Zwei (Σ,V)-Terme A,B heißen *unifizierbar*, wenn es eine (Σ,V)-Substitution θ git, so daß $A\theta = B\theta$ gilt; θ selbst wird als Unifikator von A und B bezeichnet.

Ein Unifikator σ zweier (Σ,V)-Terme A,B heißt *schwächster (allgemeinster) Unifikator* von A und B, wenn es zu jedem Unifikator θ von A und B eine (Σ,V)-Substitution λ gibt, so daß $A\theta = A\sigma\lambda$ (bzw. $\theta=\sigma\lambda$) [2] gilt; der (Σ,V)-Term $u(A,B) = A\sigma = B\sigma$ wird dann als *minimale Überdeckung* von A und B bezeichnet.

Ein allgemeinster Unifikator ist gleichzeitig auch ein schwächster Unifikator; dagegen gilt die Umkehrung offenbar nicht (s.u.).

---

[2] Da θ, σ Unifikatoren von A und B sind, gilt $A\theta = B\theta$ und $A\sigma = B\sigma$, so daß mit $A\theta = A\sigma\lambda$ auch $B\theta = B\sigma\lambda$ folgt.

Allgemeinste (schwächste) Unifikatoren sind i.a. nicht eindeutig bestimmt. So ist z.B. für verschiedene Variablen X,Y mit gleicher Sorte und gleichem Bereich sowohl $\sigma=\{X\leftarrow Y\}$ als auch $\sigma'=\{Y\leftarrow X\}$ ein allgemeinster (schwächster) Unifikator. Die schwächsten Unifikatoren zweier Terme A,B sind jedoch insofern äquivalent, als daß sie die minimale Überdeckung u(A,B) eindeutig bis auf Umbenennung der Variablen bestimmen.

Lemma 3.7

Zu je zwei (Σ,V)-Termen A,B ist die minimale Überdeckung u(A,B), sofern sie existiert, eindeutig bis auf Umbenennung von Variablen.

Beweis:

1. Identität

Angenommen, $A\sigma$ und $A\sigma'$ seien minimale Überdeckungen von A und B. Da σ,σ' schwächste Unifikatoren von A und B sind, gibt es (Σ,V)-Substitutionen Θ,λ, so daß gilt: $A\sigma=(A\sigma')\Theta$ und $A\sigma'=(A\sigma)\lambda$. M.a.W. sind $A\sigma$ und $A\sigma'$ gleich bis auf Umbenennung von Variablen.

2. Abgeschlossenheit

Sei $u(A,B)=A\sigma=B\sigma$ und C ein (Σ,V)-Term, so daß $A\sigma$ und C gleich sind bis auf Umbenennung von Variablen. Dann gibt es (Σ,V)-Substitutionen Θ,λ, so daß $(A\sigma)\Theta=C$ und $C\lambda=A\sigma$. Mit Lemma 3.1,

(1) $A(\sigma\Theta) = (A\sigma)\Theta = (B\sigma)\Theta = B(\sigma\Theta)$

Da σ ein schwächster Unifikator ist, gibt es zu jedem Unifikator β von A und B eine (Σ,V)-Substitution Φ, so daß $A\beta=(A\sigma)\Phi$. Es gilt dann

(2) $A\beta = (A\sigma)\Phi = (C\lambda)\Phi = (((A\sigma)\Theta)\lambda)\Phi = (A(\sigma\Theta))(\lambda\Phi)$

Nach (1),(2) ist $\sigma\Theta$ ein schwächster Unifikator von A und B, und folglich ist $C = (A\sigma)\Theta = A(\sigma\Theta)$ eine minimale Überdeckung. □

Bezeichnung

$\lhd$ bezeichnet die kleinste Teilmenge von $(V_s\times T_{\Sigma,V,s})_{s\in S}$, so daß für alle verschiedenen $X,Y\in V_s$ und $A\in(T_{\Sigma,V,s}-V_s)$ gilt:

(1)	$X \lhd Y$	falls	$range(Y) \subseteq range(X)$
(2)	$X \lhd Y$	falls	$range(Y) \not\subseteq range(X)$ und $range(X) \not\subseteq range(Y)$
(3)	$X \lhd A$	falls	$func(A) \subseteq range(X)$ und $X\notin var(A)$ ["occur-check"]

Das Unifikationsproblem ist für beliebige (Σ,V)-Terme A_1,A_2 entscheidbar. Der nachfolgende *Unifikationsalgorithmus* verfolgt die Strategie, die leere Substitution um eine jeweils schwächste notwendige Ersetzung zu inkrementieren und so sukzessive zu einem Unifikator von A_1 und A_2 zu erweitern. Dieses Vorgehen setzt voraus, daß in jedem Schritt k für die aktuelle Substitution σ_k und die aktuelle Adresse $x_k=dif(A_1\sigma_k,A_2\sigma_k)$ entweder $A_1\sigma_k/x_k \lhd A_2\sigma_k/x_k$ oder $A_2\sigma_k/x_k \lhd A_1\sigma_k/x_k$ (oder beides) gilt.

Schritt 1: Setze $\sigma_0=\emptyset$, k=0 und gehe zu Schritt 2.

Schritt 2: Falls $A_1\sigma_k=A_2\sigma_k$, setze $\sigma=\sigma_k$ und terminiere (mit Erfolg). Andernfalls gehe zu Schritt 3.

Schritt 3: Setze x_k = dif$(A_1\sigma_k,A_2\sigma_k)$ und wähle $V_k = A_i\sigma_k/x_k$ und $U_k = A_j\sigma_k/x_k$ $(i\neq j;\ i,j\in\{1,2\})$ so, daß $V_k \triangleleft U_k$ gilt; andernfalls terminiere (ohne Erfolg). Bestimme alle (verschiedenen) Variablen $X_1,\ldots,X_{n_k}$, die in U_k vorkommen und deren Bereich nicht in dem von V_k enthalten ist. Wähle verschiedene Variablen $Y_1,\ldots,Y_{n_k}$ aus $V-(\mathrm{var}(A_1\sigma_k) \cup \mathrm{var}(A_2\sigma_k))$ so daß, für $l=1,\ldots,n_k$, sort (Y_l) = sort(X_l) und range(Y_l) = range$(X_l) \cap$ range(V_k). Setze

$$\sigma_{k+1} = \begin{cases} \sigma_k\{X_1\leftarrow Y_1,\ldots,X_{n_k}\leftarrow Y_{n_k}\}, & \text{falls } n_k>0 \\ \sigma_k\{V_k\leftarrow U_k\} & \text{, falls } n_k=0 \end{cases}$$

Erhöhe k um 1 und gehe zu Schritt 2.

Theorem 3.8 (Unifikationstheorem)

Seien (Σ,V)-Terme A_1,A_2 gegeben. Falls A_1 und A_2 unifizierbar sind, terminiert der Unifikationsalgorithmus in Schritt 2 mit einem schwächsten Unifikator σ von A_1 und A_2. Andernfalls bricht der Unifikationsalgorithmus in Schritt 3 ab.

Beweis:

I. partielle Korrektheit

Man zeigt leicht durch Induktion, daß der Unifikationsalgorithmus bei Eingabe von A_1 und A_2 eine (nicht notwendigerweise unendliche) Folge $\sigma_0,\sigma_1,\sigma_2,\ldots$ von (Σ,V)-Substitutionen erzeugt.

Falls A_1 und A_2 nicht unifizierbar sind, so gilt $A_1\sigma_k \neq A_2\sigma_k$ (k=0,1,2,...), und der Unifikationsalgorithmus terminiert, wenn überhaupt, zu Schritt 3.

Angenommen, A_1 und A_2 sind unifizierbar. Sei θ ein beliebiger Unifikator von A_1 und A_2. Dann gilt

Behauptung 1:

Für k=0,1,2,... gibt es eine (Σ,V)-Substitution λ_k, so daß $A_1\theta = A_1\sigma_k\lambda_k$ und $A_2\theta = A_2\sigma_k\lambda_k$.

Beweis: vollständige Induktion über k

Für $\lambda_0=\theta$ ist $\sigma_0\lambda_0 = \emptyset\theta = \theta$. Sei $k\in\mathbb{N}_0$ derart, daß der Unifikationsalgorithmus σ_{k+1} berechnet. Dann gilt zum einen (*) $V_k \triangleleft U_k$, und zum anderen folgt mit $A_1\theta = A_2\theta$, Lemma 3.5 und der Induktionsannahme: (**) $V_k\lambda_k = U_k\lambda_k$. Gemäß der Definition von σ_{k+1} werden zwei Fälle unterschieden:

Fall 1: $n_k = 0$

Nach Konstruktion ist $\sigma_{k+1} = \sigma_k\{V_k\leftarrow U_k\}$; es gilt stets einer der folgenden beiden Unterfälle:

<u>Fall 1.1:</u> $V_k \in DOM(\sigma_k)$

Dann ist $V_k \leftarrow V_k\lambda_k$ ein Element aus λ_k, so daß für $\lambda_{k+1} = \lambda_k - \{V_k \leftarrow V_k\lambda_k\}$ gilt:

$$\begin{aligned}
\lambda_k &= \{V_k \leftarrow V_k\lambda_k\} \,\dot\cup\, \lambda_{k+1} & \\
&= \{V_k \leftarrow U_k\lambda_k\} \,\dot\cup\, \lambda_{k+1} & [\text{mit } (**)] \\
&= \{V_k \leftarrow U_k\lambda_{k+1}\} \,\dot\cup\, \lambda_{k+1} & [\text{mit } (*)\text{: } V_k \notin var(U_k)] \\
&= \{V_k \leftarrow U_k\}\, \lambda_{k+1} & [V_k \notin DOM(\lambda_{k+1})]
\end{aligned}$$

Damit:

$$\begin{aligned}
&\sigma_k\lambda_k & \\
&= \sigma_k(\{V_k \leftarrow U_k\}\, \lambda_{k+1}) & \\
&= (\sigma_k\{V_k \leftarrow U_k\})\, \lambda_{k+1} & [\text{Korollar } 3.2] \\
&= \sigma_{k+1}\lambda_{k+1} & [\text{Def. } \sigma_{k+1}]
\end{aligned}$$

<u>Fall 1.2:</u> $V_k \notin DOM(\sigma_k)$

Dann ist $V_k\lambda_k = V_k$. Mit $V_k \neq U_k$ [aus (*)] und (**) folgt hieraus direkt $U_k \leftarrow V_k \in \lambda_k$.

Für $\lambda_{k+1} = \lambda_k$ gilt dann:

$$\begin{aligned}
&\sigma_k\lambda_k & \\
&= \sigma_k(\{V_k \leftarrow U_k\}\lambda_k) & [V_k \notin DOM(\sigma_k);\ U_k \leftarrow V_k \in \lambda_k] \\
&= (\sigma_k\{V_k \leftarrow U_k\})\lambda_{k+1} & [\text{Korollar } 3.2] \\
&= \sigma_{k+1}\lambda_{k+1} & [\text{Def. } \sigma_{k+1}]
\end{aligned}$$

Es gibt also eine (Σ,V)-Substitution λ_{k+1}, so daß $\sigma_k\lambda_k = \sigma_{k+1}\lambda_{k+1}$. Mit der Induktionsannahme folgt sofort $A_1\Theta = A_1\sigma_{k+1}\lambda_{k+1}$ und $A_2\Theta = A_2\sigma_{k+1}\lambda_{k+1}$.

<u>Fall 2:</u> $n_k > 0$

Dann ist nach Konstruktion $\sigma_{k+1} = \sigma_k\{X_1 \leftarrow Y_1, \ldots, X_{n_k} \leftarrow Y_{n_k}\}$, wobei:

(2.1) $\{X_1,\ldots,X_{n_k}\} = \{X \in var(U_k) \mid range(X) \not\subseteq range(V_k)\}$

(2.2) $\{Y_1,\ldots,Y_{n_k}\} \subseteq V - (var(A_1\sigma_k) \cup var(A_2\sigma_k))$

(2.3) $sort(X_i) = sort(Y_i) \quad (i=1,\ldots,n_k)$

(2.4) $range(Y_i) = range(X_i) \cap range(V_k) \quad (i=1,\ldots,n_k)$

Da $n_k > 0$. folgt aus (2.1), (*) und (**):

(2.5) $V_k \leftarrow U_k\lambda_k \in \lambda_k$

Wegen (2.1), (2.5) können $X_1,\ldots,X_{n_k}$ nicht in $U_k\lambda_k$ vorkommen. Da sie andererseits aber in U_k selbst vorkommen, gibt es (Σ,V)-Terme $B_1,\ldots,B_{n_k}$, so daß

(2.6) $X_i \leftarrow B_i \in \lambda_k \quad (i=1,\ldots,n_k)$

Aus (2.1), (2.4), (2.5) und (2.6) folgt für $i=1,\ldots,n_k$:

$$func(B_i) \subseteq range(X_i) \cap range(V_k)$$

und $\quad range(Z) \subseteq range(X_i) \cap range(V_k) \quad$ für alle $Z \in var(B_i)$

Folglich sind mit (2.3)

$$\lambda_k' = \lambda_k - \{Y \leftarrow C \in \lambda_k \mid Y \notin (var(A_1\sigma_k) \,\dot\cup\, var(A_2\sigma_k)\}$$

und $\quad \lambda_{k+1} = (\lambda_k' - \{X_i \leftarrow B_i \mid i=1,\ldots,n_k\}) \,\dot\cup\, \{Y_i \leftarrow B_i \mid i=1,\ldots,n_k\}$

(Σ,V)-Substitutionen, und es gilt für $j=1,2$:

$$\begin{aligned}
&(A_j\sigma_k)\lambda_k \\
&= (A_j\sigma_k)\lambda_k' \\
&= ((A_j\sigma_k)\{X_1\leftarrow Y_1,\ldots,X_{n_k}\leftarrow Y_{n_k}\})\lambda_{k+1} \qquad \text{[mit (2.2)]} \\
&= (A_j(\sigma_k\{X_1\leftarrow Y_1,\ldots,X_{n_k}\leftarrow Y_{n_k}\}))\lambda_{k+1} \\
&= (A_j\sigma_{k+1})\lambda_{k+1}
\end{aligned}$$

Mit der Induktionsannahme folgt dann $A_1\theta = A_1\sigma_{k+1}\lambda_{k+1}$ und $A_2\theta = A_2\sigma_{k+1}\lambda_{k+1}$. □

Behauptung 2:

$A_1\sigma_k \neq A_2\sigma_k$ impliziert $A_1\sigma_k/x_k \triangleleft A_2\sigma_k/x_k$ oder $A_2\sigma_k/x_k \triangleleft A_1\sigma_k/x_k$ $(k=0,1,2,\ldots)$

Beweis:

Wegen $A_1\sigma_k \neq A_2\sigma_k$ ist $x_k = \text{dif}(A_1\sigma_k,A_2\sigma_k)$ definiert, und es gilt: $\text{top}(A_1\sigma_k/x_k) \neq \text{top}(A_2\sigma_k/x_k)$. Hieraus folgt mit $(A_1\sigma_k/x_k)\lambda_k = (A_2\sigma_k/x_k)\lambda_k$ [Beh. 1, Lemma 3.5] direkt die Behauptung. □

Falls A_1,A_2 unifizierbar sind, terminiert der Unifikationssalgorithmus nach Beh. 2, wenn überhaupt, in Schritt 2. Da in diesem Fall $A_1\sigma_k = A_2\sigma_k$ gilt, ist die berechnete Substitution σ_k nach Beh. 1 ein schwächster Unifikator von A_1 und A_2.

II. Termination

Angenommen, der Unifikationsalgorithmus würde für eine Eingabe A_1,A_2 nicht terminieren. Dann würde er eine unendliche Substitutionsfolge $\sigma_0,\sigma_1,\sigma_2,\ldots$ durchlaufen, in der für jedes $k\in\mathbb{N}_0$ gilt:

(1) $|\text{var}(A_1\sigma_k) \cup \text{var}(A_2\sigma_k)| = |\text{var}(A_1\sigma_{k+1}) \cup \text{var}(A_2\sigma_{k+1})|$ falls $n_k>0$
$|\text{var}(A_1\sigma_k) \cup \text{var}(A_2\sigma_k)| < |\text{var}(A_1\sigma_{k+1}) \cup \text{var}(A_2\sigma_{k+1})|$ falls $n_k=0$

(2) $n_k>0$ impliziert $x_{k+1} = x_k$ und $n_{k+1} = 0$

Sei $N = |\text{var}(A_1) \cup \text{var}(A_2)|$. Aus (1), (2) folgt dann mit $|\text{var}(A_1\sigma_{2N+2}) \cup \text{var}(A_2\sigma_{2N+2})| \leq -1$ ein Widerspruch zur Annahme. QED

Anmerkungen (zum Unifikationsalgorithmus)

1. Angenommen, A_1 und A_2 sind (Σ,V)-Terme mit range(X) = range(Y) für alle $X,Y\in(\text{var}(A_1) \cup \text{var}(A_2))$, und θ ist ein Unifikator von A_1 und A_2. In jeder Iteration k des Unifikationsalgorithmus ist dann $n_k=0$, so daß stets $\theta=\sigma_k\lambda_k$ gilt. M.a.W. ist der Unifikator σ, den der Unifikationsalgorithmus für A_1 und A_2 berechnet, ein allgemeinster Unifikator. Insbesondere gibt es also im Falle unbeschränkter Variablen - hier gilt range(X) = {F} für alle $X\in V$ - zu je zwei unifizierbaren Termen immer einen allgemeinsten Unifikator [vgl. Ro65]. Auf den Fall der beschränkten Variablen überträgt sich diese Eigenschaft allerdings nicht:

Beispiel:

$S = \{s\}$

$F_{\lambda,s} = \{a,b,c\}$

$F_{w,s} = \emptyset$ für alle $w \in (S^* - \{\lambda\})$

$V_{\{a,c\},s} = \{X,X',X'',\ldots\}$

$V_{\{b,c\},s} = \{Y,Y',Y'',\ldots\}$

$V_{\{c\},s} = \{Z,Z',Z'',\ldots\}$

$\theta = \{X \leftarrow Z, Y \leftarrow Z\}$ und $\theta' = \{X \leftarrow c, Y \leftarrow c\}$ sind Unifikatoren von X und Y. Es gibt jedoch keinen Unifikator β von X und Y, so daß für bestimmte Substitutionen λ und λ' gilt: $\theta = \beta\lambda$ und $\theta' = \beta\lambda'$. ***

2. Daß es zu zwei unifizierbaren (Σ,V)-Termen immer einen schwächsten Unifikator gibt, resultiert im wesentlichen daraus, daß in jeder Variablendeklaration der Bereichsteiler bzgl. des Durchschnitts abgeschlossen ist. Andernfalls würde das Unifikationstheorem nicht gelten:

Beispiel:

$S = \{s\}$

$F_{\lambda,s} = \{a,b,c,d\}$

$F_{w,s} = \emptyset$ für alle $w \in (S^* - \{\lambda\})$

$V_{\{a,b,c\},s} = \{X,X',X'',\ldots\}$

$V_{\{b,c,d\},s} = \{Y,Y',Y'',\ldots\}$

$\theta = \{X \leftarrow b, Y \leftarrow b\}$ und $\theta' = \{X \leftarrow c, Y \leftarrow c\}$ sind die kleinsten Unifikator von X und Y. Gäbe es einen schwächsten Unifikator σ von X und Y, so wäre entweder $\theta \leq \sigma$ oder $\theta' \leq \sigma$. In jedem Fall ergibt sich ein Widerspruch:

$\theta \leq \sigma$: $c = X\theta' = X\sigma\lambda' = b\lambda' = b$

$\theta' \leq \sigma$: $b = X\theta = X\sigma\lambda = c\lambda = c$ ***

3. Der obige Unifikationsalgorithmus kann u.U. sehr ineffizient sein. Im schlimmsten Fall wachsen die Kosten für Laufzeit und Speicherplatz exponentiell mit der Länge der Eingabe:

Beispiel:

Der Einfachheit halber sei angenommen, daß es nur eine Sorte gibt und alle Variablen unbeschränkt sind. Bei Eingabe der Terme $g(f(X_0,X_0),\ldots,f(X_{n-1},X_{n-1}))$ und $g(X_1,\ldots,X_n)$ durchläuft der Unifikationsalgorithmus die Folge von Substitutionen $\sigma_1 = \{X_1 \leftarrow f(X_0,X_0)\}$, $\sigma_2 = \{X_1 \leftarrow f(X_0,X_0),\ X_2 \leftarrow f(f(X_0,X_0),f(X_0,X_0))\}$ usw. In σ_n wird X_n durch einen Term substituiert, in dem das Funktionssymbol f 2^{n-1}-mal vorkommt (exponentieller Speicherbedarf). Die Durchführung des "occur check" in Schritt3 des Unifikationsalgorithmus verbraucht allein für die letzte Substitution exponentielle Zeit. ***

Die Unifikation kann weitaus effizienter durchgeführt werden als mit der Methode von Robinson. In PW78 und MM82 sind Unifikationsalgorithmen beschrieben, deren Laufzeit und Speicherbedarf linear durch die Länge der Eingabe begrenzt sind.

Die nachfolgenden Verfahren zur syntaktischen Überprüfung der Konfluenz von TESen mit beschränkten Variablen basieren hauptsächlich auf der Berechnung sog. kritischer Paare. Kritische Paare entstehen immer dann, wenn sich die linken Seiten von (nicht notwendigerweise verschiedenen) Ersetzungsregeln überlappen. Wann immer dies der Fall ist, garantiert das Superpositionstheorem, daß eine minimale Überlappung, die sog. Superposition, existiert, mit deren Hilfe sich alle anderen Überlappungen an derselben Stelle beschreiben lassen.

Theorem 3.9 (Superpositionstheorem)
Seien A,B (Σ,V)-Terme und sei $x \in dom(A)$, so daß $sort(A/x) = sort(B)$. Dann ist die Menge $C(B,x,A) = \{G \in T_{\Sigma,V} \mid \exists \theta,\lambda \in SUB_{\Sigma,V}: G = A\theta = A\theta[x \leftarrow B\lambda]\}$ entweder leer oder es gibt einen (Σ,V)-Term $s(B,x,A)$, die *Superposition* von B auf x in A, so daß $C(B,x,A) = \{s(B,x,A)\Phi \mid \Phi \in SUB_{\Sigma,V}\}$.
Darüber hinaus gibt es einen Algorithmus, der für jede gültige Eingabe B,x,A entscheidet, ob eine Superposition von B auf x in A existiert, und der, falls ja, $s(B,x,A)$ berechnet.

Beweis:
Sei $\{X_1,\ldots,X_m\} = var(A) \cap var(B)$, und seien $Y_1,\ldots,Y_m$ paarweise verschiedene Variablen aus $V-(var(A) \cup var(B))$, so daß gilt: $sort(Y_i) = sort(X_i)$ und $range(Y_i) = range(X_i)$ $(i=1,\ldots,m)$ Dann sind $\omega = \{X_1 \leftarrow Y_1,\ldots,X_m \leftarrow Y_m\}$ und $\omega^{-1} = \{Y_1 \leftarrow X_1,\ldots,Y_m \leftarrow X_m\}$ (Σ,V)-Substitutionen, und es gilt:

(1) $var(A) \cap var(B\omega) = \emptyset$

(2) $(B\omega)\omega^{-1} = B$

Behauptung 1: $C(B,x,A) = C(B\omega,x,A)$

Beweis:

"$\subseteq$": Sei $G \in C(B,x,A)$. Dann gibt es (Σ,V)-Substitutionen θ,λ, so daß $G = A\theta = A\theta[x \leftarrow B\lambda]$. Nach (2) und Lemma 3.1 ist $A\theta[x \leftarrow B\lambda] = A\theta[x \leftarrow (B\omega)(\omega^{-1}\lambda)]$ und folglich $G \in C(B\omega,x,A)$.

"$\supseteq$": Sei $G \in C(B\omega,x,A)$. Dann gibt es (Σ,V)-Substitutionen θ,λ, so daß $G = A\theta = A\theta[x \leftarrow (B\omega)\lambda]$. Mit $A\theta[x \leftarrow (B\omega)\lambda] = A\theta[x \leftarrow B(\omega\lambda)]$ folgt direkt $G \in C(B,x,A)$.

Behauptung 2:

$$C(B\omega,x,A) = \begin{cases} \emptyset & \text{, falls } A, A[x\leftarrow B\omega] \text{ nicht unifizierbar sind} \\ \{A\sigma\Phi \mid \Phi\in SUB_{\Sigma,V}\} & \text{, sonst }^{3)} \end{cases}$$

Beweis:

Fall 1: A, $A[x\leftarrow B\omega]$ sind nicht unifizierbar.

Angenommen, es gälte $C(B\omega,x,A) \neq \emptyset$. Dann gibt es (Σ,V)-Substitutionen Θ,λ, so daß

(2.1) $A\Theta = A\Theta[x\leftarrow(B\omega)\lambda]$

Definiere (Σ,V)-Substitutionen $\lambda' = \{Z\leftarrow C\in\lambda \mid Z\in var(B\omega)\}$ und $\Theta' = \{Z'\leftarrow C'\in\Theta \mid Z'\in var(A)\}$. Dann ist

(2.2) $DOM(\lambda') \subseteq var(B\omega)$, $DOM(\Theta') \subseteq var(A)$

(2.3) $(B\omega)\lambda' = (B\omega)\lambda$, $A\Theta' = A\Theta$

Nach (1), (2.2) ist $\beta = \Theta' \dot{\cup} \lambda'$ eine (Σ,V)-Substitution, für die gilt:

(2.4) $A\Theta' = A\beta$, $(B\omega)\lambda' = (B\omega)\beta$

Wegen

$$\begin{aligned} A\beta &= A\Theta && [(2.3), (2.4)] \\ &= A\Theta'[x\leftarrow(B\omega)\lambda'] && [(2.1), (2.3)] \\ &= A[x\leftarrow B\omega]\beta && [(2.4), \text{Lemma } 3.6] \end{aligned}$$

ist β ein Unifikator von A und $A[x\leftarrow B\omega]$, so daß sich ein Widerspruch zur Annahme ergibt.

Fall 2: A und $A[x\leftarrow B\omega]$ sind unifizierbar

Nach dem Unifikationstheorem gibt es einen schwächsten Unifikator σ von A und $A[x\leftarrow B\omega]$. Es ist zu zeigen, daß $C(B\omega,x,A) = \{A\sigma\Phi \mid \Phi\in SUB_{\Sigma,V}\}$ gilt.

"$\subseteq$": Sei $G\in C(B\omega,x,A)$. Nach Def. gibt es dann (Σ,V)-Substitutionen Θ,λ, so daß:

(2.5) $G = A\Theta = A\Theta[x\leftarrow(B\omega)\lambda]$

Definiere (Σ,V)-Substitutionen $\lambda' = \{Z\leftarrow C\in\lambda \mid Z\in var(B\omega)\}$ und $\Theta' = \{Z'\leftarrow C'\in\Theta \mid Z'\in var(A)\}$.

Wie in Fall 1 ist dann $\beta = \Theta' \dot{\cup} \lambda'$ eine (Σ,V)-Substitution, für die gilt:

(2.6) $A\Theta = A\beta = A[x\leftarrow B\omega]\beta$

M.a.W. ist β ein Unifikator von A und $A[x\leftarrow B\omega]$, und es gibt eine (Σ,V)-Substitution Φ, so daß $A\beta = A\sigma\Phi$. Mit (2.6), (2.5) folgt dann sofort $G \in \{A\sigma\Phi \mid \Phi\in SUB_{\Sigma,V}\}$.

"$\supseteq$": Sei Φ eine beliebige (Σ,V)-Substitution. Da σ nach Vor. ein Unifikator von A und $A[x\leftarrow B\omega]$ ist, gilt mit Lemma 3.6: $A\sigma\Phi = A[x\leftarrow B\omega]\sigma\Phi = A\sigma\Phi[x\leftarrow(B\omega)\sigma\Phi]$. Folglich ist $A\sigma\Phi \in C(B\omega,x,A)$. □

Aus den Behauptungen 1,2 und dem Unifikationstheorem ergibt sich direkt der gesuchte Algorithmus (s.u.). QED

---

3) σ bezeichnet einen schwächsten Unifikator von A und $A[x\leftarrow B\omega]$. Die Existenz von σ ist nach dem Unifikationstheorem gesichert.

Gegeben seien (Σ,V)-Terme A,B und $x \in dom(A)$, so daß $sort(A/x) = sort(B)$. Der folgende *Superpositionsalgorithmus* berechnet die Superposition von B auf x in A oder bestimmt, daß ein solcher Term nicht existiert.

Schritt 1: (Umbenennung)
Bestimme alle verschiedenen Variablen $X_1,\ldots,X_m$, die sowohl in A als auch in B vorkommen. Wähle paarweise verschiedene Variablen $Y_1,\ldots,Y_m$ aus $V-(var(A) \cup var(B))$, so daß, für $i=1,\ldots,m$, $sort(Y_i) = sort(X_i)$ und $range(Y_i) = range(X_i)$. Setze $\omega = \{X_1 \leftarrow Y_1,\ldots,X_m \leftarrow Y_m\}$ und gehe zu Schritt 2.

Schritt 2: (Unifikation)
Berechne mit Hilfe des Unifikationsalgorithmus einen schwächsten Unifikator σ von A und $A[x \leftarrow B\omega]$. Gehe dann zu Schritt 3.

Schritt 3: (Bestimmung der Superposition)
Falls es keinen schwächsten Unifikator σ gibt, so existiert $s(B,x,A)$ nicht. Andernfalls setze $s(B,x,A) = A\sigma$ und terminiere.

In dem obigen Algorithmus wird die Aufgabe, Superpositionen zu bestimmen, auf die Berechnung minimaler Überdeckungen reduziert. Dieser Zusammenhang läßt vermuten, daß sich die Eigenschaft minimaler Überdeckungen, nämlich bis auf Umbenennung von Variablen eindeutig zu sein, auch auf Superpositionen fortsetzt.

Lemma 3.10
$s(B,x,A)$ ist, sofern existent, eindeutig bis auf Umbenennung von Variablen.

Beweis:
1. Identität
Seien D,D' Superpositionen von B auf x in A. Da $\emptyset \in SUB_{\Sigma,V}$, folgt $D,D' \in C(B,x,A)$. Also gibt es (Σ,V)-Substitutionen Φ,Φ', so daß $C=C'\Phi'$ und $C'=C\Phi$. M.a.W. sind C und C' gleich bis auf Umbenennung von Variablen.
2. Abgeschlossenheit
Sei $s(B,x,A)$ eine Superposition und D ein (Σ,V)-Term, so daß $s(B,x,A)$ und D gleich sind bis auf Umbenennung von Variablen. Dann gibt es (Σ,V)-Substitutionen Θ,λ, so daß $D = s(B,x,A)\Theta$ und $s(B,x,A) = D\lambda$. Zeige $C(B,x,A) = \{D\Phi \mid \Phi \in SUB_{\Sigma,V}\}$ durch gegenseitige Inklusion:

"$\subseteq$": Sei $G \in C(B,x,A)$. Dann gibt es eine (Σ,V)-Substitution β, so daß $G = s(B,x,A)\beta$. Mit $s(B,x,A)\beta = (D\lambda)\beta = D(\lambda\beta)$ folgt $G \in \{D\Phi \mid \Phi \in SUB_{\Sigma,V}\}$

"$\supseteq$": Sei γ ein beliebige (Σ,V)-Substitution. Mit $D\gamma = (s(B,x,A)\Theta)\gamma = s(B,x,A)(\Theta\gamma)$ folgt dann $D\gamma \in C(B,x,A)$

D ist somit eine Superposition von B auf x in A. □

3.2.2 Konfluenz

Ein TES ist konfluent, wenn alle verzweigenden Reduktionen wieder zusammengeführt werden können. Je nachdem, ob Ersetzungen an abhängigen oder unabhängigen Untertermen durchgeführt werden, unterscheidet man zwischen kritischen und unkritischen Verzweigungen. Kritische Verzweigungen treten jeweils dann auf, wenn sich die linken Seiten zweier Ersetzungsregeln überlappen. In diesem Fall gibt es nach dem Superpositionstheorem eine minimale Überlappung, auf die beide Regeln anwendbar sind. Die entsprechende Verzweigung wird in Form eines "kritischen Paares" dargestellt, seine Konfluenz ist eine notwendige Bedingung für die Konfluenz von TESen.

Definition 3.8

Ein *TES mit eingeschränkten Variablen* (kurz TES) ist ein 4-Tupel $T=(\Sigma,D,V,R)$, wobei

(1) $\Sigma = (S,F)$ eine Signatur,

(2) $D \subseteq 2^F$ ein Bereichsteiler über Σ,

(3) $V = (V_{d,s})_{d\in D,s\in S}$ eine Variablendeklaration und

(4) $R \subseteq (T_{\Sigma,V,s} \times T_{\Sigma,V,s})_{s\in S}$ eine S-indizierte Mengenfamilie ist, so daß für alle $A \longrightarrow B$ in R gilt: $A\notin V$ und $var(B) \subseteq var(A)$

Die Elemente aus R werden als *Regeln* bezeichnet.

Definition 3.9

Ein TES $T = (\Sigma,D,V,R)$ heißt *rechtserweitert*, wenn für alle $A \longrightarrow B \in R$ gilt: $B\notin V$. T heißt *linksdominant*, wenn für alle $A \longrightarrow B \in R$ und alle $X\in V$ gilt: $|A^{-1}X| \geq |B^{-1}X|$.

Definition 3.10

Sei $T = (\Sigma,D,V,R)$ ein TES mit $\Sigma = (S,F)$. Dann sind die Relationen $\xrightarrow{R}$ ("Reduktionsrelation"), $\xrightarrow[\perp]{R}$ ("erweiterte Reduktionsrelation") und $\overset{R}{\underset{\downarrow}{-}}$ ("Reduktrelation") als Teilmengen von $(T_{\Sigma,V,s} \times T_{\Sigma,V,s})_{s\in S}$ wie folgt definiert:

(1) $A \xrightarrow{R} B$ gdw. es eine (Σ,V)-Substitution θ, eine Regel $G \longrightarrow H$ in R und ein $x\in dom(A)$ gibt, so daß $A/x = G\theta$ und $B = A[x \leftarrow H\theta]$

(2) $A \xrightarrow[\perp]{R} B$ gdw. es (Σ,V)-Substitutionen θ_x, Regeln $G_x \longrightarrow H_x$ in R und eine unabhängige Menge M gibt, so daß $A/x = G_x\theta_x$ $(\forall x\in M)$ und $B = A[x \leftarrow H_x\theta_x \mid x\in M]$

(3) $A \overset{R}{\underset{\downarrow}{-}} B$ gdw. es einen (Σ,V)-Term C gibt, so daß $A \xrightarrow{R}{}^* C$ und $B \xrightarrow{R}{}^* C$.

$\xrightarrow{R}$ präzisiert die Überführung von Termen durch einmalige Anwendung einer Regel. $\xrightarrow[\perp]{R}$ nutzt die Eigenschaft aus, daß die Reihenfolge, in der Regeln angewandt werden, beliebig vertauschbar ist, solange ein Term an unabhängigen Adressen reduziert wird. $\overset{R}{\underset{\downarrow}{-}}$ setzt genau die Terme in Beziehung, die ein gemeinsames Redukt haben.

Notation

- Die Reduktions- und Reduktrelationen eines TES werden der Einfachheit halber mit $\longrightarrow$, $\underset{\perp}{\rightarrow}$ und $\downarrow$ bzeichnet, sofern R aus dem Kontext eindeutig hervorgeht.
- Wann immer $A \underset{x}{\rightarrow} B$ ($A \underset{M}{\longrightarrow} B$) notiert wird, soll hervorgehoben werden, daß sich A an der Adresse x (bzw. an den unabhängigen Adressen in M) zu B reduzieren läßt:

  $A \underset{x}{\rightarrow} B$ gdw. es eine Regel $G \longrightarrow H$ und eine Substitution θ gibt, so daß $A/x = G\theta$ und $B = A[x \leftarrow H\theta]$

  $A \underset{M}{\longrightarrow} B$ gdw. es Regeln $G_x \longrightarrow H_x$ und Substitutionen θ_x gibt, so daß $A/x = G_x\theta_x$ ($\forall x \in M$) und $B = A[x \leftarrow H_x\theta_x \mid x \in M]$

  Ein Synonym für $A \underset{M}{\longrightarrow} B$ ist die Umschreibung "$A \underset{\perp}{\rightarrow} B$ mit Redexmenge M". Als Redexe bezeichnet man die Adressen, an denen ein Term reduzierbar ist.

Bezeichnung:

Ein TES T heißt konfluent bzw. terminierend, wenn seine Reduktionsrelation $\longrightarrow$ konfluent bzw. terminierend ist. T heißt auf Grundtermen konfluent (auf Grundtermen terminierend), wenn die Einschränkung $\mapsto$ der Reduktionsrelation auf $T_\Sigma x T_\Sigma$ konfluent (terminierend) ist. Beachte, daß jedes konfluente (terminierende) TES insbesondere auf Grundtermen konfluent (auf Grundtermen terminierend) ist.

Definition 3.11

Sei ein TES $T = (\Sigma,D,V,R)$ gegeben. Die Funktionen red, imr, omr: $T_{\Sigma,V} \longrightarrow 2^{\mathbb{N}^*}$ und lir: $T_{\Sigma,V} \longrightarrow \mathbb{N}^*$ liefern zu jedem (Σ,V)-Term A die Menge seiner *Redexe*, seiner *innersten Redexe*, seiner *äußersten Redexe* sowie den *linken innersten Redex:*

$$\mathrm{red}(A) = \{x \mid \exists B: A \underset{x}{\rightarrow} B\}$$

$$\mathrm{imr}(A) = \{x \in \mathrm{red}(A) \mid \neg\exists y \in \mathrm{red}(A): x \text{ anc} \neq y\}$$

$$\mathrm{omr}(A) = \{x \in \mathrm{red}(A) \mid \neg\exists y \in \mathrm{red}(A): y \text{ anc} \neq x\}$$

$$\mathrm{lir}(A) = \begin{cases} x & \text{, falls } x \in \mathrm{imr}(A) \wedge \forall y \in \mathrm{imr}(A): x \leq y \\ \text{undef.} & \text{, sonst} \end{cases}$$

Lemma 3.11

Sei $T = (\Sigma,D,V,R)$ ein TES und $M = \{x_1,\dots,x_n\}$, $n \in \mathbb{N}_0$, eine unabhängige Menge. Dann gilt: $A \underset{M}{\longrightarrow} B \Leftrightarrow \exists A_0,\dots,A_n \in T_{\Sigma,V}: A = A_0 \underset{x_1}{\longrightarrow} A_1 \underset{x_2}{\longrightarrow} \dots \underset{x_n}{\longrightarrow} A_n = B$

Beweis: vollständige Induktion über n

Der Induktionsanfang (n=0) ist trivial. Sei also $M = \{x_1,\dots,x_n\}$ ($n \in \mathbb{N}$) und $M' = M - \{x_n\}$.

"$\Longrightarrow$": Sei $A \underset{M}{\longrightarrow} B$. Dann gibt es Regeln $G_x \longrightarrow H_x \in R$ und (Σ,V)-Substitutionen θ_x, so daß

(1) $A/x = G_x\theta_x$ ($\forall x \in M$)

(2) $B = A[x \leftarrow H_x\theta_x \mid x \in M]$

Da $M' \subseteq M$, gilt nach (1) insbesondere

(3) $A \underset{M'}{\longrightarrow} A[x \leftarrow H_x\theta_x \mid x \in M']$

Da $M = M' \dot{\cup} \{x_n\}$ nach Vor. eine unabhängige Menge ist, erhält man durch sukzessive Anwendung von Lemma 2.7(2a): $A[x \leftarrow H_x\theta_x | x \in M']/x_n = A/x_n$.

Mit (1) folgt also

(4) $\quad A[x \leftarrow H_x\theta_x | x \in M'] \xrightarrow[x_n]{} A[x \leftarrow H_x\theta_x | x \in M]$

Die Beh. folgt direkt mit (2), (3), (4) und der Induktionsannahme.

"$\Leftarrow$": Wegen $A_{n-1} \xrightarrow[x_n]{} B$ gibt es eine Regel $G_{x_n} \longrightarrow H_{x_n} \in R$ und eine (Σ,V)-Substitution θ_{x_n}, so daß

(5) $\quad A_{n-1}/x_n = G_{x_n}\theta_{x_n}$

(6) $\quad B = A_{n-1}[x_n \leftarrow H_{x_n}\theta_{x_n}]$

Da nach Induktionsannahme $A \xrightarrow[M']{} A_{n-1}$, gibt es Regeln $G_x \longrightarrow H_x$ in R und (Σ,V)-Substitutionen θ_x, so daß gilt

(7) $\quad A/x = G_x\theta_x \quad (\forall x \in M')$

(8) $\quad A_{n-1} = A[x \leftarrow H_x\theta_x | x \in M']$

Nach (5) ist A_{n-1}/x_n definiert. Da $M = M' \dot{\cup} \{x_n\}$ nach Vor. eine unabhängige Menge ist, folgt dann mit (8) und Lemma 2.7(2a):

(9) $\quad A_{n-1}/x_n = A/x_n$

Somit, $A \xrightarrow[M]{} A[x \leftarrow H_x\theta_x | x \in M]$ [mit (7),(5),(9)]

$= A[x \leftarrow H_x\theta_x | x \in M'] [x_n \leftarrow H_{x_n}\theta_{x_n}]$

$= A_{n-1}[x_n \leftarrow H_{x_n}\theta_{x_n}]$ [mit (8)]

$= B$ [mit (6)] □

Korollar 3.12: $\longrightarrow^* = \xrightarrow[\perp]{}^*$

Beweis:

"$\subseteq$": mit Lemma 3.11

"$\supseteq$": Nach Lemma 3.11 gilt $\xrightarrow[\perp]{} \subseteq \longrightarrow^*$, so daß $\xrightarrow[\perp]{}^* \subseteq (\longrightarrow^*)^* = \longrightarrow^*$ □

Lemma 3.13

Sei $T = (\Sigma,D,V,R)$ ein TES. Dann gilt für jede (Σ,V)-Substitution θ: $A \xrightarrow[x]{} B \Longrightarrow A\theta \xrightarrow[x]{} B\theta$

Beweis:

Sei $A \xrightarrow[x]{} B$. Dann gibt es eine Regel $G \longrightarrow H \in R$ und eine (Σ,V)-Substitution λ, so daß $A/x = G\lambda$ und $B = A[x \leftarrow H\lambda]$. Für jede (Σ,V)-Substitution θ folgt dann mit Lemma 3.1, 3.5, 3.6: $A\theta/x = (A/x)\theta = (G\lambda)\theta = G(\lambda\theta)$ und $B\theta = A[x \leftarrow H\lambda]\theta = A\theta[x \leftarrow (H\lambda)\theta] = A\theta[x \leftarrow H(\lambda\theta)]$.

Somit, $A\theta \xrightarrow[x]{} B\theta$ □

Korollar 3.14 (Stabilität)

Sei $T = (\Sigma,D,V,R)$ ein TES und $\longmapsto \in \{\longrightarrow, \xrightarrow[\perp]{}, \downarrow, \longrightarrow^{\varepsilon}, \longrightarrow^*\}$. Dann gilt für jede (Σ,V)-Substitution θ: $A \longmapsto B \Longrightarrow A\theta \longmapsto B\theta$.

Beweis: mit Lemma 3.13 und 3.11 □

Korollar 3.14a

Sei ein TES $T = (\Sigma,V,D,R)$ gegeben. Seien A,A' (Σ,V)-Terme, die gleich sind bis auf Umbenennung von Variablen. Dann gilt: $A \longrightarrow B \Longrightarrow \exists B'\colon A' \longrightarrow B' \wedge B \cong B'$.

Beweis:

Sei $A \longrightarrow B$. Dann gibt es $G \longrightarrow H \in R$, $x \in dom(A)$, $\Theta \in SUB_{\Sigma,V}$, so daß

(1) $A/x = G\Theta$, $B = A[x \leftarrow H\Theta]$

Da A,A' gleich sind bis auf Umbenennung von Variablen, gibt es (Σ,V)-Substitutionen β,β' mit

(2) $A = A'\beta'$, $A' = A\beta$

Wegen der Stabilität (Korollar 3.14) folgt aus $A \longrightarrow B$ sofort $A\beta \longrightarrow B\beta$. Nach (2) genügt es zu zeigen, daß $B,B\beta$ gleich sind bis auf Umbenennung von Variablen. Aus (1),(2) folgt mit Lemma 3.5:

(3) $G\Theta = A/x = A'\beta'/x = A\beta\beta'/x = (A/x)\beta\beta' = G\Theta\beta\beta'$

Da $var(H) \subseteq var(G)$, gilt auch $var(H\Theta) \subseteq var(G\Theta)$, so daß mit (3) folgt

(4) $H\Theta = H\Theta\beta\beta'$

Somit,

$B\beta\beta'$	$= A[x \leftarrow H\Theta]\beta\beta'$	[mit (1)]
	$= A\beta\beta'[x \leftarrow H\Theta\beta\beta']$	[Lemma 3.6]
	$= A'\beta'[x \leftarrow H\Theta]$	[mit (2),(4)]
	$= A[x \leftarrow H\Theta]$	[mit (2)]
	$= B$	[mit (1)]

□

Die Konfluenz von TESen setzt voraus, daß jede Verzweigung der Form $C_1 \underset{x}{\longleftarrow} C \underset{y}{\longrightarrow} C_2$ in einem gemeinsamen Punkt wieder zusammenläuft [confluere (lat.) = zusammenfließen]. Im Fall $x \perp y$ bleiben die Unterterme von C an den Stellen x,y in C_2 bzw. C_1 erhalten, so daß für alle TESe gleichermaßen gilt:

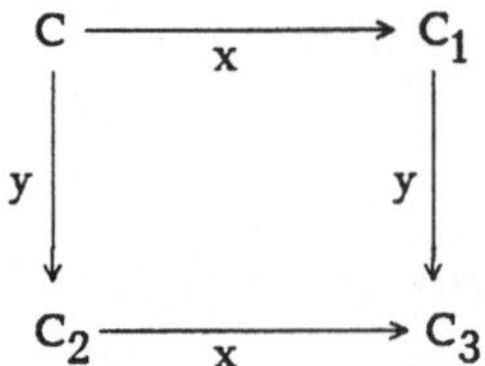

Kritisch ist dagegen der Fall x anc y. Zu kritischen Verzweigungen kommt es u.a., wenn sich die linken Seiten zweier (nicht notwendigerweise verschiedener) Regeln $A \longrightarrow B$ und $G \longrightarrow H$ an einer Stelle $z \in dom_F(A)$ überlappen. Nach Theorem 3.9 existiert dann mit der Superposition von G auf z in A eine minimale Überlappung, für die sich folgende Situation ergibt.

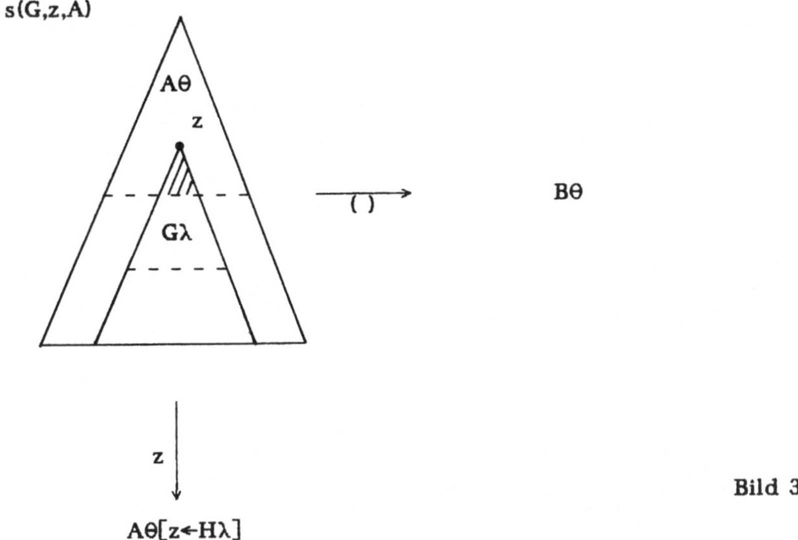

Bild 3.1

Wegen der Überlappung wird bei Reduktion am Redex ( ) der Unterterm an der Stelle z irreversibel zerstört (und umgekehrt), so daß eine gleichzeitige Anwendung der Regeln A ⟶ B und G ⟶ H ausgeschlossen ist. Da sich Bild 3.1 i.a. nicht zu einem kommutativen Diagramm vervollständigen läßt, wird das Paar (Aθ[z←Hλ],Bθ) auch als "kritisches Paar" bezeichnet. Eine notwendige Voraussetzung für die Konfluenz eines TES ist somit die Eigenschaft, daß es zu jedem kritischen Paar ein gemeinsames Redukt seiner Komponenten gibt.

Als Folge der Einschränkung von Variablenbereichen entstehen kritische Verzweigungen selbst dann, wenn sich A und G in Bild 3.1 nicht überlappen. Dieser Fall ist dadurch charakterisiert, daß es eine Variablenadresse u_0 in A gibt, die oberhalb von z liegt. Bezeichnen $u_1,\ldots,u_n$ die übrigen Adressen in A und $v_1,\ldots,v_m$ die Adressen in B, die mit derselben Variablen X markiert sind wie u_0, so stellt sich die Situation wie in Bild 3.2 dar. Es ist nur bedingt möglich, die dortige Verzweigung wieder zusammenzuführen. Eine entsprechende Konstruktion basiert auf der Idee, zunächst die Unterterme Gλ in Aθ[z←Hλ] und Bθ zu Hλ zu reduzieren:

$$A\theta[z\leftarrow H\lambda] \xrightarrow[\perp]{} A\theta[u_i\leftarrow E[w\leftarrow H\lambda] \mid i=1,\ldots,n]$$

$$B\theta \xrightarrow[\perp]{} B\theta[v_j\leftarrow E[w\leftarrow H\lambda] \mid j=1,\ldots,m]$$

Wegen $A/u_i = X = B/v_j$ und $A\theta/u_i = E = B\theta/v_j$ muß $X\leftarrow E\in\theta$ gelten. Unter der Annahme, daß auch $\theta' = (\theta - \{X\leftarrow E\}) \cup \{X\leftarrow E[w\leftarrow H\lambda]\}$ eine Substitution ist, folgt dann aus

$$A\theta[u_i\leftarrow E[w\leftarrow H\lambda] \mid i=0,\ldots,n] = A\theta' \longrightarrow B\theta' = B\theta[v_j\leftarrow E[w\leftarrow H\lambda] \mid j=1,\ldots,m]$$

direkt die (lokale) Konfluenz.

Während θ' für TESe ohne beschränkte Variablen immer eine gültige Substitution ist, geht die Eigenschaft i.a. verloren, sobald in Regeln eingeschränkte Variablen vorkommen:

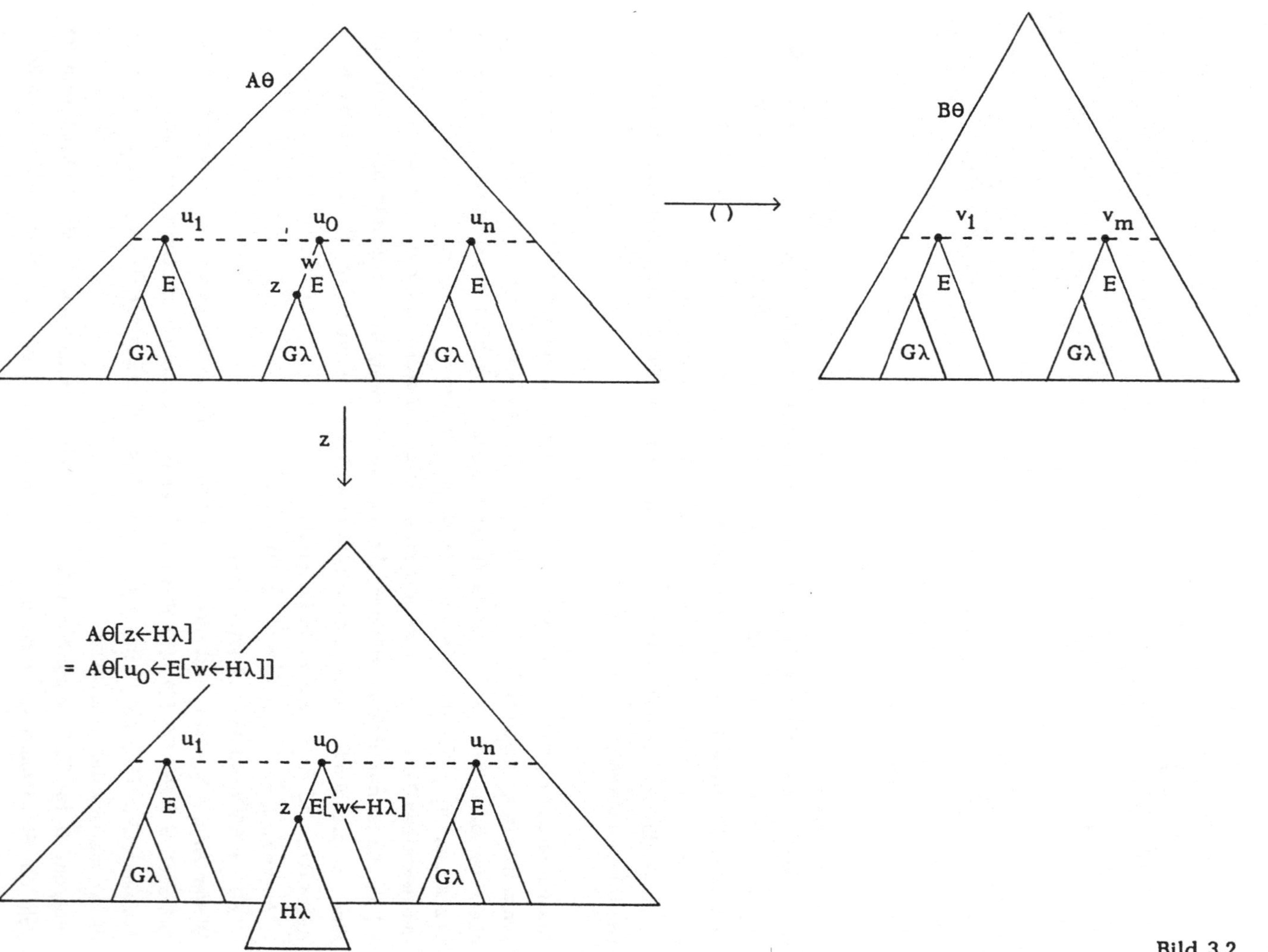

Aθ
u_1
u_0
u_n
w
z
E
E
E
Gλ
Gλ
Gλ
()
Bθ
v_1
v_m
E
E
Gλ
Gλ
z
Aθ[z←Hλ]
= Aθ[u_0←E[w←Hλ]]
u_1
u_0
u_n
E
z
E[w←Hλ]
E
Gλ
Gλ
Hλ

Bild 3.2

SORTS:	s
OPNS:	a: s ⟶ s
	b,c: ⟶ s
VARS:	X: s {b}
RULES:	a(X) ⟶ c
	b ⟶ c

Infolge der Einschränkung von X kann die Verzweigung c ⟵ a(b) ⟶ a(c) nicht wieder zusammengeführt werden. Um diesen Effekt ausschließen und Bild 3.2 zu einem kommutativen Diagramm fortsetzen zu können, ist es erforderlich, sich auf "reguläre" TESe zu beschränken.

Definition 3.12

Ein TES T = (Σ,D,V,R) heißt *regulär*, wenn für jede Regel A ⟶ B∊R und für jeden Bereich d∊D gilt: func(A) ⊆ d ⟹ func(B) ⊆ d

Definition 3.13

Sei ein TES T = (Σ,D,V,R) gegeben. Seien A ⟶ B, G ⟶ H zwei (nicht notwendigerweise verschiedene) Regeln aus R und x∊dom_F(A), so daß die Superposition von G auf x in A existiert. Sei also s(G,x,A) = Aθ = Aθ[x←Gλ]. Dann wird das Paar p(G⟶H,x,A⟶B) = (Aθ[x←Hλ], Bθ) als *kritisches Paar* in R bezeichnet.

Da p(G⟶H,x,A⟶B) durch die Superposition von G auf x in A bestimmt ist, kann es wegen Lemma 3.10 bestenfalls bis auf Umbenennung von Variablen eindeutig sein.

Lemma 3.15

p(G⟶H,x,A⟶B) ist eindeutig bis auf Umbenennung von Variablen.

Beweis:

1. Identität

Seien E = Aθ = Aθ[x←Gλ] und E' = Aθ' = Aθ'[x←Gλ'] Superpositionen von G auf x in A. Dann gibt es nach Lemma 3.10 (Σ,V)-Substitutionen β,β', so daß E = E'β' und E' = Eβ. Folglich mit Lemma 3.1:

(1) Aθ = A(θ'β'), Aθ' = A(θβ)

Nach Konstruktion gilt Aθ/x = Gλ und Aθ'/x = Gλ', so daß mit (1) und Lemma 3.1, 3.2, 3.5 folgt:

(2) Gλ = G(λ'β'), Gλ' = G(λβ)

Da var(B) ⊆ var(A) und var(H) ⊆ var(B) [vgl. Def. 3.8(4)], folgt aus (1), (2) direkt

(3) Bθ = B(θ'β'), Bθ' = B(θβ)

(4) Hλ = H(λ'β'), Hλ' = H(λβ)

Die durch E,E' bestimmten kritischen Paare $(A\Theta[x\leftarrow H\lambda], B\Theta)$ und $(A\Theta'[x\leftarrow H\lambda'], B\Theta')$ sind damit gleich bis auf Umbenennung von Variablen, denn es gilt mit (1), (3), (4) sowie Lemma 3.1, 3.6: $A\Theta[x\leftarrow H\lambda]\beta = A\Theta'[x\leftarrow H\lambda']$, $(B\Theta)\beta = B\Theta'$, $A\Theta'[x\leftarrow H\lambda']\beta' = A\Theta[x\leftarrow H\lambda]$ und $(B\Theta')\beta' = B\Theta$

2. Abgeschlossenheit

Sei $E = A\Theta = A\Theta[x\leftarrow G\lambda]$ eine Superposition von G auf x in A und $p(G\longrightarrow H,x,A\longrightarrow B) = (A\Theta[x\leftarrow H\lambda],B\Theta)$. Seien (M,N) und $(A\Theta[x\leftarrow H\lambda],B\Theta)$ gleich bis auf Umbenennung von Variablen. Dann gibt es o.B.d.A. (Σ,V)-Substitutionen $\beta = \{X_1\leftarrow Y_1,\dots,X_n\leftarrow Y_n\}$ und $\beta^{-1} = \{Y_1\leftarrow X_1,\dots,Y_n\leftarrow X_n\}$ mit $\{X_1,\dots,X_n\} \subseteq var(A\Theta[x\leftarrow H\lambda]) \cup var(B\Theta)$, $\{Y_1,\dots,Y_n\} \subseteq var(M) \cup var(N)$, so daß

(5a) $M = A\Theta[x\leftarrow H\lambda]\beta$, $N = B\Theta\beta$

(5b) $A\Theta[x\leftarrow H\lambda] = M\beta^{-1}$, $B\Theta = N\beta^{-1}$

$var(B) \subseteq var(A)$, $var(H) \subseteq var(G)$ implizieren $var(B\Theta) \subseteq var(A\Theta)$ und $var(H\lambda) \subseteq var(G\lambda)$. Da nach Konstruktion $A\Theta/x = G\lambda$ gilt, folgt also

(6) $var(A\Theta[x\leftarrow H\lambda]) \cup var(B\Theta) \subseteq var(A\Theta) = var(E)$

Sei $\{Z_1,\dots,Z_k\} = var(E) - (var(A\Theta[x\leftarrow H\lambda]) \cup var(B\Theta))$. Wähle paarweise verschiedene Variablen $W_1,\dots,W_k$ aus $V - (var(E) \cup \{Y_1,\dots,Y_n\})$, so daß $\gamma = \{Z_1\leftarrow W_1,\dots,Z_k\leftarrow W_k\}$ und $\gamma^{-1} = \{W_1\leftarrow Z_1,\dots,W_k\leftarrow Z_k\}$ (Σ,V)-Substitutionen sind. Dann gilt:

(7) $E = E\gamma\gamma^{-1}$, $E\gamma = E\gamma\beta\beta^{-1}$

(8) $A\Theta[x\leftarrow H\lambda]\gamma = A\Theta[x\leftarrow H\lambda]$, $B\Theta\gamma = B\Theta$ [mit (6)]

Nach (7) sind E und $E\gamma$ sowie $E\gamma$ und $E\gamma\beta$ gleich bis auf Umbenennung von Variablen. Nach Lemma 3.10 ist dann $E\gamma\beta = A\Theta\gamma\beta = A\Theta\gamma\beta[x\leftarrow G\lambda\gamma\beta]$ eine Superposition von G auf x in A. Die Beh. folgt schließlich mit

$$
\begin{aligned}
& (A\Theta\gamma\beta[x\leftarrow H\lambda\gamma\beta],\ B\Theta\gamma\beta) \\
= {} & (A\Theta[x\leftarrow H\lambda]\gamma\beta,\ B\Theta\gamma\beta) && \text{[Lemma 3.6]} \\
= {} & (A\Theta[x\leftarrow H\lambda]\beta,\ B\Theta\beta) && \text{[mit (8)]} \\
= {} & (M,N) && \text{[mit (5a)]}
\end{aligned}
$$

□

Lemma 3.16

Sei ein TES $T = (\Sigma,D,V,R)$ mit $\Sigma = (S,F)$ gegeben. Seien $G \longrightarrow H$, $M \longrightarrow N$ Regeln aus R, β,γ (Σ,V)-Substitutionen und $z\in dom_F(G)$, so daß $G\beta/z = M\gamma$. Dann gibt es ein kritisches Paar (P,Q) in R und eine (Σ,V)-Substitution η, so daß $P\eta = G\beta[z\leftarrow N\gamma]$ und $Q\eta = H\beta$.

Beweis:

Aus $G\beta/z = M\gamma$ folgt direkt $G\beta = G\beta[z\leftarrow M\gamma]$. Da $z\in dom_F(G)$, existiert nach Theorem 3.9 die Superposition von M auf z in G; also gibt es (Σ,V)-Substitutionen Θ,λ, so daß

(1) $s(M,z,G) = G\Theta = G\Theta[z\leftarrow M\lambda]$

(2) $G\Theta\Phi = G\beta = G\beta[z\leftarrow M\gamma]$

Damit gilt: $G\beta[z\leftarrow M\gamma] = G\Theta\Phi = G\Theta[z\leftarrow M\lambda]\Phi = G\Theta\Phi[z\leftarrow M\lambda\Phi] = G\beta[z\leftarrow M\lambda\Phi]$. Folglich ist $M\gamma = M\lambda\Phi$ und wegen $var(N) \subseteq var(M)$ auch

(3) $N\gamma = N\lambda\Phi$

Ebenso folgt aus $G\beta = G\theta\Phi$ und $var(H) \subseteq var(G)$:

(4) $\quad H\beta = H\theta\Phi$

Nach (1) ist $(G\theta[z \leftarrow N\lambda], H\theta)$ ein kritisches Paar in R, so daß mit (4) und $G\theta[z \leftarrow N\lambda]\Phi = G\theta\Phi[z \leftarrow N\lambda\Phi] = G\beta[z \leftarrow N\gamma]$ [aus (2),(3)] die Beh. folgt. □

Theorem 3.17

Sei $T = (\Sigma, D, V, R)$ regulär und noethersch. T ist genau dann konfluent, wenn für jedes kritische Paar (P,Q) in R gilt, $P \downarrow Q$.

Beweis:

Theorem 3.17 ist eine Verallgemeinerung des Knuth-Bendix Kriteriums [KB70] auf eingeschränkte Variablen. Während die Fälle 1 und 3 des "$\Leftarrow$"-Teils gegenüber KB70 nichts Neues bringen, wird im Fall 2 die Regularität benötigt, um die Konfluenz sicherzustellen.

"$\Rightarrow$": Sei (P,Q) ein kritisches Paar in R. Dann gibt es Regeln $A \longrightarrow B$, $G \longrightarrow H$ in R, (Σ,V)-Substitutionen θ,λ und $x \in dom_F(A)$, so daß $A\theta = A\theta[x \leftarrow G\lambda]$, $P = A\theta[x \leftarrow H\lambda]$ und $Q = B\theta$. Nach Lemma 2.7(1a) gilt $A\theta/x = G\lambda$, so daß $P \longleftarrow A\theta \longrightarrow Q$. Da T n.V. konfluent ist, folgt $P \downarrow Q$.

"$\Leftarrow$": Nach Lemma 2.1 genügt es zu zeigen, daß T lokal konfluent ist. Sei also $B \longleftarrow A \longrightarrow C$. Dann gibt es Regeln $G \longrightarrow H$, $M \longrightarrow N$ aus R, (Σ,V)-Substitutionen β,γ und Adressen $x,y \in dom(A)$, so daß

(*) $A/x = G\beta$, $B = A[x \leftarrow H\beta]$

(**) $A/y = M\gamma$, $C = A[y \leftarrow N\gamma]$

Es gilt o.B.d.A. stets einer der folgenden drei Fälle:

Fall 1: $\quad x \cdot z = y$ mit $z \in dom_F(G)$

Mit (*), (**) gilt dann $M\gamma = A/y = A/x \cdot z = (A/x)/z = G\beta/z$. Nach Lemma 3.16 gibt es also ein kritisches Paar (P,Q) in R und eine (Σ,V)-Substitution η, so daß

(1.1) $\quad P\eta = G\beta[z \leftarrow N\gamma]$, $Q\eta = H\beta$

Nach Vor. gibt es ferner einen (Σ,V)-Term E, so daß $P \longrightarrow^* E \;^*\!\!\longleftarrow Q$. Aus (1.1) folgt dann mit Korollar 3.14:

(1.2) $\quad G\beta[z \leftarrow N\gamma] \longrightarrow^* E\eta \;^*\!\!\longleftarrow H\beta$

Mit	$B = A[x \leftarrow H\beta]$	[nach (*)]
und	$C = A[y \leftarrow N\gamma]$	[mit (**)]
	$= A[x \leftarrow A/x][y \leftarrow N\gamma]$	[Lemma 2.7(1c)]
	$= A[x \leftarrow G\beta][x \cdot z \leftarrow N\gamma]$	[mit (*), Fall 1]
	$= A[x \leftarrow G\beta[z \leftarrow N\gamma]]$	[Lemma 2.7(1b)]

folgt aus (1.2) schließlich $C \longrightarrow^* A[x \leftarrow E\eta] \;^*\!\!\longleftarrow B$.

Fall 2: $x \cdot z = y$ mit $z \in dom_F(G)$

Mit (*), (**) gilt analog zu Fall 1: $G/\beta = M\gamma$. Da n.V. $z \in dom_F(G)$, gibt es ein $p_0 \in dom_V(G)$ und $X \in V$, so daß $p_0 \cdot w = z$ und $G/p_0 = X$. Folglich,

(2.1) $G\beta/p_0 \cdot w = M\gamma$

Sei o.B.d.A. $G^{-1}X = \{p_0\} \dot\cup \{p_1,\ldots,p_n\}$ und $H^{-1}X = \{q_1,\ldots,q_m\}$ $(n,m \in \mathbb{N}_0)$. Dann ist $G\beta/p_i = G\beta/p_0 = H\beta/q_j$ $(i=1,\ldots,n;\ j=1,\ldots,m)$, und mit Lemma 2.7(4) folgt:

(2.2) $G\beta/p_i \cdot w = G\beta/p_0 \cdot w = H\beta/q_j \cdot w$ $(i=1,\ldots,n;\ j=1,\ldots,m)$

Da mit $G^{-1}X$, $H^{-1}X$ auch $\{p_0 \cdot w,\ldots,p_n \cdot w\}$ und $\{q_1 \cdot w,\ldots,q_m \cdot w\}$ unabhängige Mengen sind, gilt mit (2.1), (2.2):

(2.3) $G\beta \longrightarrow G\beta[p_0 \cdot w \leftarrow N\gamma] \underset{\perp}{\longrightarrow} G\beta[p_0 \cdot w \leftarrow N\gamma][p_i \cdot w \leftarrow N\gamma \mid i=1,\ldots,n]$
$= G\beta[p_k \cdot w \leftarrow N\gamma \mid k=0,\ldots,n]$

(2.4) $H\beta \underset{\perp}{\longrightarrow} H\beta[q_j \cdot w \leftarrow N\gamma \mid j=1,\ldots,m]$

Da $M \in V$, gilt mit (2.1): $X \leftarrow G\beta/p_0 \in \beta$. Folglich:

(2.5) $func(G\beta/p_0) \subseteq range(X)$

(2.6) $range(Y) \subseteq range(X)$ für alle $Y \in var(G\beta/p_0)$

Da $var(N) \subseteq var(M)$, ist auch $var(N\gamma) \subseteq var(M\gamma)$, so daß mit (2.6) und (2.1) folgt:

(2.7) $range(Z) \subseteq range(X)$ für alle $Z \in var(G\beta/p_0[w \leftarrow N\gamma])$

Aus $var(N) \subseteq var(M)$, (2.1), (2.5) folgt unter Ausnutzung der Regularität:

(2.8) $func(G\beta/p_0[w \leftarrow N\gamma]) \subseteq range(X)$

Wegen (2.7), (2.8) ist

$$\beta' = \begin{cases} (\beta - \{X \leftarrow G\beta/p_0\}) \cup \{X \leftarrow G\beta/p_0[w \leftarrow N\gamma]\} & \text{, falls } G\beta/p_0[w \leftarrow N\gamma] \neq X \\ \beta - \{X \leftarrow G\beta/p_0\} & \text{, sonst} \end{cases}$$

eine (Σ,V)-Substitution, und es gilt:

(2.9) $H\beta' = H\beta[q_j \leftarrow G\beta/p_0[w \leftarrow N\gamma] \mid j=1,\ldots,m]$

(2.10) $G\beta' = G\beta[p_k \leftarrow G\beta/p_0[w \leftarrow N\gamma] \mid k=0,\ldots,n]$

Faßt man (2.3), (2.4), (2.9) und (2.10) zusammen, so ergibt sich die folgende Situation:

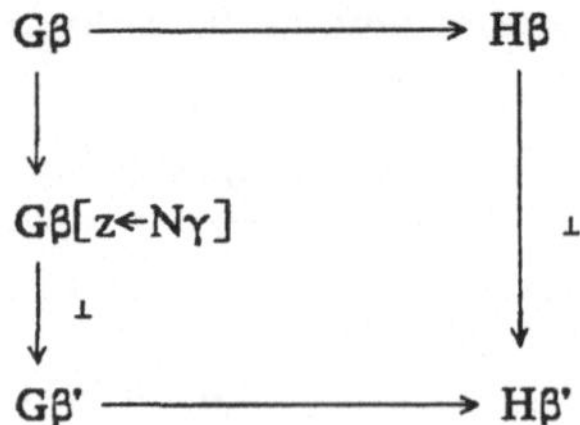

Wie in Fall 1 ist $B = A[x \leftarrow H\beta]$ und $C = A[x \leftarrow G\beta[z \leftarrow N\gamma]]$, so daß gilt:

$B \longrightarrow^* A[x \leftarrow H\beta'] \;{}^*\!\longleftarrow C$

Fall 3: $x \perp y$

Mit (*), (**), Lemma 2.7(2a) ist $B/y = A[x \leftarrow H\beta]/y = A/y = M\gamma$ und $C/x = A[y \leftarrow N\gamma]/x = A/x = G\beta$, so daß gilt:

(3.1) $B = A[x \leftarrow H\beta] \longrightarrow A[x \leftarrow H\beta][y \leftarrow N\gamma]$

(3.2) $C = A[y \leftarrow N\gamma] \longrightarrow A[y \leftarrow N\gamma][x \leftarrow H\beta]$

Aus (3.1), (3.2) folgt mit Lemma 2.7(2b) direkt die Beh. QED

Korollar 3.18

Sei T = (Σ,D,V,R) regulär und noethersch. Zu jedem (Σ,V)-Term A bezeichne $\overline{A}$ eine $\longrightarrow$-Normalform von A. T ist genau dann konfluent, wenn für jedes kritische Paar (P,Q) in R gilt: $\overline{P} = \overline{Q}$.

Beweis:

"$\Longrightarrow$": Nach Theorem 3.17 gibt es einen (Σ,V)-Term C, so daß $P \longrightarrow^* C$ und $Q \longrightarrow^* C$. Damit,

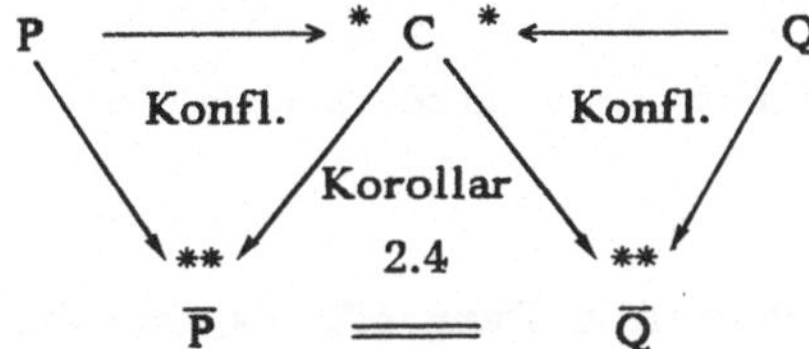

"$\Longleftarrow$": direkt mit Theorem 3.17. □

Der Nachweis von Theorem 3.17 basiert darauf, daß noethersche TESe bereits dann konfluent sind, wenn dies für alle lokalen Verzweigungen $C_1 \longleftarrow C \longrightarrow C_2$ gilt. Die Äquivalenz von Konfluenz und lokaler Konfluenz geht dagegen verloren, sobald man die Noether-Eigenschaft aufgibt, wie das folgende Beispiel zeigt:

Ohne Voraussetzung der Noether-Eigenschaft ist die Untersuchung lokaler Verzweigungen $C_1 \longleftarrow C \longrightarrow C_2$ für die Konfluenz nur dann hinreichend, wenn $C_1 \longrightarrow^{\varepsilon} C_3 \;{}^*\!\!\longleftarrow C_2$ und $C_1 \longrightarrow^* C_4 \;{}^{\varepsilon}\!\!\longleftarrow C_2$ gilt (vgl. Lemma 2.2). Für kritische Paare wird dies durch die "starke Abgeschlossenheit" gewährleistet. Damit auch Verzweigungen wie in Bild 3.2 stark konfluent sind, dürfen in keiner Regel auf der linken oder rechten Seite gleiche Variablen mehrfach vorkommen.

Die nachfolgenden Kriterien für die Konfluenz von TESen verallgemeinern die Aussagen aus Hu80 auf eingeschränkte Variablen.

Definition 3.14
Ein TES $T = (\Sigma,D,V,R)$ ist *stark abgeschlossen*, wenn es zu jedem kritischen Paar (P,Q) in R (Σ,V)-Terme A,B gibt, so daß gilt: $P \longrightarrow^{*} A \ {}^{\varepsilon}\!\!\longleftarrow Q$ und $P \longrightarrow^{\varepsilon} B \ {}^{*}\!\!\longleftarrow Q$.

Definition 3.15
Ein TES $T = (\Sigma,D,V,R)$ heißt *linkslinear (rechtslinear)*, wenn für jede Regel $A \longrightarrow B$ in R und jede Variable $X \in V$ gilt: $|A^{-1}X| \leq 1$ (bzw. $|B^{-1}X| \leq 1$).

Theorem 3.19
Sei $T = (\Sigma,D,V,R)$ regulär, links- und rechtslinear. T ist genau dann stark konfluent, wenn T stark abgeschlossen ist.

Beweis:
Wiederum ist die Berücksichtigung der eingeschränkten Variablen nur im Fall 2 des "$\Longleftarrow$"-Teils erforderlich.

"$\Longrightarrow$": Sei (P,Q) ein kritisches Paar in R. Dann gibt es eine Superposition C, so daß $P \longleftarrow C \longrightarrow Q$. Da T n.V. stark konfluent ist, gibt es (Σ,V)-Terme U,W, so daß $P \longrightarrow^{\varepsilon} U \ {}^{*}\!\!\longleftarrow Q$ und $P \longrightarrow^{*} W \ {}^{\varepsilon}\!\!\longleftarrow Q$.

"$\Longleftarrow$": Sei $B \longleftarrow A \longrightarrow C$. Dann gibt es Regeln $G \longrightarrow H$, $M \longrightarrow N$ aus R, (Σ,V)-Substitutionen β,γ und $x,y \in dom(A)$, so daß

(*) $A/x = G\beta$, $B = A[x \leftarrow H\beta]$

(**) $A/y = M\gamma$, $C = A[y \leftarrow N\gamma]$

O.B.d.A. gilt stets einer der folgenden drei Fälle:

Fall 1: $x \cdot z = y$ mit $z \in dom_F(G)$

Mit (*), (**) ist $M\gamma = A/y = A/x \cdot z = (A/x)/z = G\beta/z$. Nach Lemma 3.16 gibt es also ein kritisches Paar (P,Q) in R und eine (Σ,V)-Substitution η, so daß

(1.1) $P\eta = G\beta[z \leftarrow N\gamma]$, $Q\eta = H\beta$

Da T nach Vor. stark abgeschlossen ist, gibt es (Σ,V)-Terme U,W, so daß $P \longrightarrow^{\varepsilon} U \ {}^{*}\!\!\longleftarrow Q$ und $P \longrightarrow^{*} W \ {}^{\varepsilon}\!\!\longleftarrow Q$. Aus (1.1) folgt dann mit Korollar 3.14:

(1.2) $G\beta[z \leftarrow N\gamma] \longrightarrow^{\varepsilon} U\eta \ {}^{*}\!\!\longleftarrow H\beta$

(1.3) $G\beta[z \leftarrow N\gamma] \longrightarrow^{*} W\eta \ {}^{\varepsilon}\!\!\longleftarrow H\beta$

Mit $B = A[x \leftarrow H\beta]$

und
$$\begin{aligned} C &= A[y \leftarrow N\gamma] \\ &= A[x \leftarrow A/x][y \leftarrow N\gamma] \\ &= A[x \leftarrow G\beta][x \cdot z \leftarrow N\gamma] \\ &= A[x \leftarrow G\beta[z \leftarrow N\gamma]] \end{aligned}$$

folgt aus (1.2), (1.3) schließlich $C \longrightarrow^{\varepsilon} A[x \leftarrow U\eta] \ {}^{*}\!\!\longleftarrow B$ und $C \longrightarrow^{*} A[x \leftarrow W\eta] \ {}^{\varepsilon}\!\!\longleftarrow B$.

Fall 2: $x \cdot z = y$ mit $z \in dom_F(G)$

Mit (*), (**) gilt analog zu Fall 1: $G\beta/z = M\gamma$. Da $z \in dom_F(G)$, gibt es ein $p \in dom_V(G)$ und $X \in V$, so daß $p \cdot w = z$ und $G/p = X$. Nach Konstruktion,

(2.1) $G\beta/p \cdot w = M\gamma$

Da $M \in V$, gilt mit (2.1): $X \leftarrow G\beta/p \in \beta$. Folglich,

(2.2) $func(G\beta/p) \subseteq range(X)$

(2.3) $range(Y) \subseteq range(X)$ für alle $Y \in var(G\beta/p)$

Da $var(N) \subseteq var(M)$, gilt auch $var(N\gamma) \subseteq var(M\gamma)$, so daß mit (2.1), (2.3) folgt:

(2.4) $range(Z) \subseteq range(X)$ für alle $Y \in var(G\beta/p[w \leftarrow N\gamma])$

Aus $var(N) \subseteq var(M)$, (2.1), (2.2) folgt unter Ausnutzung der Regularität:

(2.5) $func(G\beta/p[w \leftarrow N\gamma]) \subseteq range(X)$

Wegen (2.4), (2.5) ist

$$\beta' = \begin{cases} (\beta - \{X \leftarrow G\beta/p\}) \cup \{X \leftarrow G\beta/p[w \leftarrow N\gamma]\} & \text{, falls } G\beta/p[w \leftarrow N\gamma] \neq X \\ \beta - \{X \leftarrow G\beta/p\} & \text{, sonst} \end{cases}$$

eine (Σ,V)-Substitution. Da T linkslinear ist, gilt $G^{-1}X = \{p\}$ und damit

(2.6)
$$\begin{aligned} G\beta' &= G\beta[p \leftarrow G\beta/p[w \leftarrow N\gamma]] \\ &= G\beta[p \leftarrow G\beta/p][p \cdot w \leftarrow N\gamma] && \text{[Lemma 2.7(1b)]} \\ &= G\beta[p \cdot w \leftarrow N\gamma] && \text{[Lemma 2.7(1c)]} \end{aligned}$$

so daß mit (2.1) folgt:

(2.7) $G\beta \longrightarrow G\beta'$

Da T rechtslinear ist, gilt entweder $H^{-1}X = \{q\}$ oder $H^{-1}X = \emptyset$. Im Falle $H^{-1}X = \{q\}$ ist $H\beta/q = G\beta/p$, und es gilt:

$$\begin{aligned} H\beta &= H\beta[q \leftarrow H\beta/q] \\ &= H\beta[q \leftarrow G\beta/p] \\ &\longrightarrow H\beta[q \leftarrow G\beta/p[w \leftarrow N\gamma]] && \text{[mit (2.1)]} \\ &= H\beta' \end{aligned}$$

Falls $H^{-1}X = \emptyset$, so ist $H\beta = H\beta'$. In jedem Fall gilt also

(2.8) $H\beta \longrightarrow^{\varepsilon} H\beta'$

Mit (2.7), (2.8) ergibt sich folgendes Diagramm

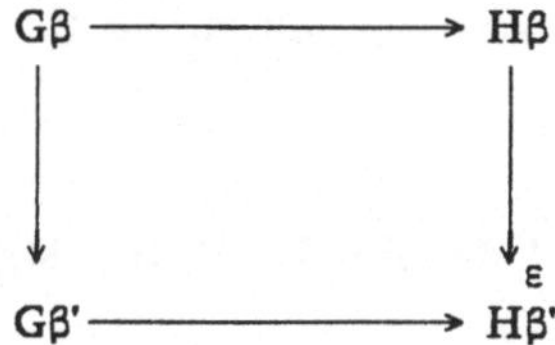

$$\begin{aligned} &\text{Mit} && B = A[x \leftarrow H\beta] && \text{[nach (*)]} \\ &\text{und} && C = A[x \leftarrow G\beta[z \leftarrow N\gamma]] && \text{[analog zu Fall 1]} \\ &&& = A[x \leftarrow G\beta[p \cdot w \leftarrow N\gamma]] && [p \cdot w = z] \\ &&& = A[x \leftarrow G\beta'] && \text{[mit (2.6)]} \end{aligned}$$

folgt schließlich: $B \longrightarrow^{\varepsilon} A[x \leftarrow H\beta'] \longleftarrow C$

Fall 3: $x \perp y$

Mit (*), (**), Lemma 2.7(2a) ist $B/y = A[x \leftarrow H\beta] = A/y = M\gamma$ und $C/x = A[y \leftarrow N\gamma]/x = A/x = G\beta$, so daß gilt:

(3.1) $B = A[x \leftarrow H\beta] \longrightarrow A[x \leftarrow H\beta][y \leftarrow N\gamma]$

(3.2) $C = A[y \leftarrow N\gamma] \longrightarrow A[y \leftarrow N\gamma][x \leftarrow H\beta]$

Aus (3.1), (3.2) folgt mit Lemma 2.7(2b) direkt die Beh. QED

Korollar 3.20

Jedes reguläre, stark abgeschlossene, links- und rechtslineare TES ist konfluent.

Beweis: direkt aus Theorem 3.19 und Lemma 2.2 □

Die syntaktische Verifikation der Kriterien aus Korollar 3.20 bereitet Probleme, denn es ist völlig unklar, wie die starke Abgeschlossenheit von TESen überprüft werden kann. Entscheidbare Konfluenzkriterien ergeben sich jedoch, wenn eine stärkere Form der Abgeschlossenheit vorliegt.

Definition 3.16

Ein TES $T = (\Sigma,D,V,R)$ ist *parallel abgeschlossen*, wenn für jedes kritische Paar (P,Q) in R gilt: $P \underset{\perp}{\longrightarrow} Q$.

Theorem 3.21

Sei $T = (\Sigma,D,V,R)$ regulär, linkslinear und parallel abgeschlossen. Dann ist $\underset{\perp}{\longrightarrow}$ stark konfluent.

Beweis:

Sei $A \underset{\perp}{\longrightarrow} B_1$ mit Redexmenge O und $A \underset{\perp}{\longrightarrow} B_2$ mit Redexmenge U. Definiere $\overline{W}$ als die Menge der äußeren Redexe in O,U und W als die Menge der Redexe in O,U, die durch einen Redex in U bzw. O dominiert werden, d.h. $W = \{o \in O \mid \exists u \in U\text{: } u \text{ anc } o\} \cup \{u \in U \mid \exists o \in O\text{: } o \text{ anc } u\}$ und $\overline{W} = [(O \cup U) - W] \cup (O \cap U)$. Zeige durch vollständige Induktion über $p(A,O,U) = \sum_{w \in W} |A/w|$, daß ein (Σ,V)-Term B existiert mit $B_1 \underset{\perp}{\longrightarrow} B \underset{\perp}{\longleftarrow} B_2$.

1. Induktionsanfang: $p(A,O,U) = 0$

Nach Konstruktion gibt es für alle $o \in O$, $u \in U$ Regeln $G_o \longrightarrow H_o$, $M_u \longrightarrow N_u$ aus R und (Σ,V)-Substitutionen β_o, γ_u, so daß gilt:

(*) $A/o = G_o\beta_o$ $(\forall o \in O)$, $A/u = M_u\beta_u$ $(\forall u \in U)$

(**) $B_1 = A[o \leftarrow H_o\beta_o \mid o \in O]$, $B_2 = A[u \leftarrow N_u\gamma_u \mid u \in U]$

Nach Vor. ist $p(A,O,U) = 0$, so daß $W = \emptyset$ und damit $U \perp V$. Folglich gilt

$B_1/u = A[o \leftarrow H_o\beta_o \mid o \in O]/u = A/u = M_u\gamma_u$ $(\forall u \in U)$

$B_2/o = A[u \leftarrow N_u\gamma_u \mid u \in U]/o = A/o = G_o\beta_o$ $(\forall o \in O)$

und somit

$B_1 \xrightarrow[\perp]{} A[o \leftarrow H_o\beta_o | o \in O][u \leftarrow N_u\gamma_u | u \in U]$

$B_2 \xrightarrow[\perp]{} A[u \leftarrow N_u\gamma_u | u \in U][o \leftarrow H_o\beta_o | o \in O]$

Da O,U endliche Mengen sind, folgt mit Lemma 2.7(2b):

$$A[o \leftarrow H_o\beta_o | o \in O][u \leftarrow N_u\gamma_u | u \in U] = A[u \leftarrow N_u\gamma_u | u \in U][o \leftarrow H_o\beta_o | o \in O]$$

2. Induktionsschluß: $p(A,O,U) = n+1 \quad (n \in \mathbb{N}_0)$

Mit $p(A,O,U) \geq 1$ ist auch $|W| \geq 1$ und somit $|\overline{W}| \geq 1$. Sei also $u \in \overline{W}$, und nehme o.B.d.A. an, daß $u \in U$. Dann kann es kein $o \in O$ mit o anc≠ u geben, und es gilt nach Konstruktion:

(1) $A/u \xrightarrow[\perp]{} B_1/u$ mit Redexmenge $O_u = \{z | u \cdot z \in O\}$

Nach Konstruktion gilt ferner $A/u \xrightarrow[()]{} B_2/u$. Es gibt also eine Regel $G \longrightarrow H \in R$ und eine (Σ,V)-Substitution β, so daß

(2) $A/u = G\beta$, $B_2/u = H\beta$

Zeige zunächst, daß es einen (Σ,V)-Term B_u gibt mit $B_1/u \xrightarrow[\perp]{} B_u \xleftarrow[\perp]{} B_2/u$. Wegen (1), (2) gilt stets einer der folgenden beiden Fälle:

<u>Fall 1:</u> $\forall z \in O_u \; \exists x \in dom_V(G)$: x anc z

Für $x \in dom_V(G)$ sei $P_x = \{p | x \cdot p \in O_u\}$. Dann gilt nach Vor.

(1.1) $O_u = \dot{\bigcup}_{x \in dom_V(G)} \{x \cdot p | p \in P_x\}$

Nach (1), (2) ist $G\beta \xrightarrow[\perp]{} B_1/u$ mit Redexmenge O_u. Wegen (1.1) gibt es dann Regeln $G_p \longrightarrow H_p \in R$ und (Σ,V)-Substitutionen β_p, so daß

(1.2) $(G\beta/x)/p = G_p\beta_p$ für alle $x \in dom_V(G)$, $p \in P_x$

(1.3) $B_1/u = G\beta[x \leftarrow S_x | x \in dom_V(G)]$ mit $S_x = G\beta/x[p \leftarrow H_p\beta_p | p \in P_x]$

Für jedes $x \in dom_V(G)$: $Gx \leftarrow G\beta/x \in \beta \Longleftrightarrow Gx \neq G\beta/x$. Im Fall $Gx = G\beta/x$ ist $P_x = \emptyset$ [nach (1.2)], so daß $S_x = G\beta/x = Gx$. Falls $Gx \neq G\beta/x$, so ist $Gx \leftarrow G\beta/x \in \beta$, und es gilt:

(1.4) $func(G\beta/x) \subseteq range(Gx)$

(1.5) $range(Y) \subseteq range(Gx)$ für alle $Y \in var(G\beta/x)$

Für alle $p \in P_x$ ist nach Konstruktion $var(H_p) \subseteq var(G_p)$. Unter Ausnutzung der Regularität folgt dann mit (1.2), (1.3), (1.4) und (1.5):

(1.6) $func(S_x) \subseteq range(Gx)$

(1.7) $range(Z) \subseteq range(Gx)$ für alle $Z \in var(S_x)$

Mit der Linkslinearität von T ist dann $\beta' = \{Gx \leftarrow S_x | Gx \neq S_x\}$ eine (Σ,V)-Substitution, und es gilt: $G\beta' \longrightarrow H\beta'$. Ferner gilt für alle $x \in dom_V(G)$: $G\beta/x = G\beta/x[p \leftarrow G_p\beta_p \,|\, p \in P_x] \xrightarrow[\perp]{} S_x = G\beta'/x$. Mit $var(H) \subseteq var(G)$ folgt hieraus $H\beta/y \xrightarrow[\perp]{} H\beta'/y$ für alle $y \in dom_V(H)$, so daß $H\beta \xrightarrow[\perp]{} H\beta'$. Somit, $B_2/u = H\beta \xrightarrow[\perp]{} H\beta' \longleftarrow G\beta' = G\beta[x \leftarrow S_x | x \in dom_V(G)] = B_1/u$.

<u>Fall 2:</u> $\exists z \in O_u$: $z \in dom_F(G)$

Wegen (1), (2) gibt es Regeln $G_o \longrightarrow H_o$ in R und (Σ,V)-Substitutionen β_o $(\forall o \in O_u)$, so daß

(2.1) $G\beta/o = G_o\beta_o \; (\forall o \in O_u)$

(2.2) $B_1/u = G\beta[o \leftarrow H_o\beta_o | o \in O_u]$

Für ein $z \in O_u$ gilt nach Vor. $z \in dom_F(G)$. Mit (2.1), (2.2) folgt dann

(2.3) $G\beta \longrightarrow G\beta[z \leftarrow H_z\beta_z]$

(2.4) $G\beta[z \leftarrow H_z\beta_z] \xrightarrow[\perp]{} G\beta[o \leftarrow H_o\beta_o | o \in O_u] = B_1/u$ mit Redexmenge $\tilde{O}_u = O_u - \{z\}$

Ferner gibt es nach Lemma 3.16 ein kritisches Paar (P,Q) in R und eine (Σ,V)-Substitution η, so daß $P\eta = G\beta[z \leftarrow H_z\beta_z]$ und $Q\eta = H\beta$. Da T parallel abgeschlossen ist, folgt dann mit (2) und Lemma 3.12:

(2.5) $G\beta[z \leftarrow H_z\beta_z] \xrightarrow[\perp]{} H\beta = B_2/u$ mit einer Redexmenge $\tilde{W}$

Beh.: $p(G\beta[z \leftarrow H_z\beta_z], \tilde{O}_u, \tilde{W}) \le \sum_{o \in \tilde{O}_u} |G\beta[z \leftarrow H_z\beta_z]/o|$

Beweis:

Sei $\hat{O}_u = \{o \in \tilde{O}_u \mid \exists w \in \tilde{W}\colon w \text{ anc } o\}$ und $\hat{W} = \{w \in \tilde{W} \mid \exists o \in \tilde{O}_u\colon o \text{ anc } w\}$. Dann gilt nach Def.

$$p(G\beta[z \leftarrow H_z\beta_z], \tilde{O}_u, \tilde{W}) = \sum_{o \in \hat{O}_u} |G\beta[z \leftarrow H_z\beta_z]/o| + \sum_{w \in (\hat{W} - \hat{O}_u)} |G\beta[z \leftarrow H_z\beta_z]/w|$$

Da ferner

$$\sum_{o \in \tilde{O}_u} |G\beta[z \leftarrow H_z\beta_z]/o| = \sum_{o \in \hat{O}_u} |G\beta[z \leftarrow H_z\beta_z]/o| + \sum_{o \in (\tilde{O}_u - \hat{O}_u)} |G\beta[z \leftarrow H_z\beta_z]/o|,$$

genügt es zu zeigen, daß

$$\sum_{w \in (\hat{W} - \hat{O}_u)} |G\beta[z \leftarrow H_z\beta_z]/w| \le \sum_{o \in (\tilde{O}_u - \hat{O}_u)} |G\beta[z \leftarrow H_z\beta_z]/o|$$

Sei also $w \in (\hat{W} - \hat{O}_u)$ beliebig. Dann gibt es ein $o \in \tilde{O}_u$ mit o anc w. Da im Falle o=w mit $w \in \hat{O}_u$ eine Widerspruch zur Annahme folgt, gilt sogar o $\text{anc}_{\neq}$ w. Nach Def. ist dann $o \notin \hat{O}_u$, so daß $o \in (\tilde{O}_u - \hat{O}_u)$ gilt. Da $\hat{W} - \hat{O}_u$ und $\tilde{O}_u - \hat{O}_u$ nach Konstruktion unabhängige Mengen sind, folgt somit die Beh. □

Es gilt dann

$$
\begin{aligned}
p(A,O,U) &\ge \sum_{o \in O_u} |A/u \cdot o| && [\{u \cdot o \mid o \in O_u\} \subseteq W] \\
&= \sum_{o \in O_u} |G\beta/o| && [\text{Lemma 2.7(4a); (1), (2)}] \\
&= \sum_{o \in \tilde{O}_u} |G\beta/o| + |G\beta/z| && [O_u = \tilde{O}_u \,\dot{\cup}\, \{z\}] \\
&= \sum_{o \in \tilde{O}_u} |G\beta[z \leftarrow H_z\beta_z]/o| + |G\beta/z| && [\text{Lemma 2.7(2a)}] \\
&> \sum_{o \in \tilde{O}_u} |G\beta[z \leftarrow H_z\beta_z]/o| \\
&\ge p(G\beta[z \leftarrow H_z\beta_z], \tilde{O}_u, \tilde{W})
\end{aligned}
$$

Nach (2.4), (2.5) und der Induktionsannahme gibt es also einen (Σ,V)-Term B_u mit $B_1/u \xrightarrow[\perp]{} B_u \xleftarrow[\perp]{} B_2/u$. Ind.-Ende

Nach Konstruktion: $A \xrightarrow[\perp]{} B_1$ mit Redexmenge O, $A \xrightarrow[\perp]{} B_2$ mit Redexmenge U. Da $\overline{W}$ als unabhängige Menge definiert ist, die aus genau den dominierenden Redexen in $O \cup U$ besteht, folgt: $B_1 = A[u \leftarrow B_1/u \mid u \in \overline{W}]$ und $B_2 = A[u \leftarrow B_2/u \mid u \in \overline{W}]$. Nach obiger Induktion gibt es zu jedem $u \in \overline{W}$ einen (Σ,V)-Term B_u mit $B_1/u \xrightarrow[\perp]{} B_u \xleftarrow[\perp]{} B_2/u$. Folglich, $B_1 \xrightarrow[\perp]{} A[u \leftarrow B_u | u \in \overline{W}] \xleftarrow[\perp]{} B_2$. QED

Korollar 3.22

Jedes reguläre, linkslineare und parallel abgeschlossene TES ist konfluent.

Beweis: direkt aus Theorem 3.21, Lemma 2.2 und Korollar 3.12. □

Wegen der Stabilität (Korollar 3.14) genügt es bei der Konfluenzüberprüfung, unter allen kritischen Paaren, die bis auf Umbenennung von Variablen gleich sind, jeweils einen Repräsentanten zu untersuchen. Kritische Paare der Form $p(A \longrightarrow B, (\ ), A \longrightarrow B)$ können ganz vernachlässigt werden, da sie aus identischen Komponenten bestehen und die Relationen $\downarrow$, $\longrightarrow^{\varepsilon}$, $\longrightarrow^{*}$ und $\xrightarrow[\perp]{}$ reflexiv sind, Für endliche TESe reduziert sich damit die Anzahl der zu überprüfenden kritischen Paare auf endlich viele.

Beispiel 3.6

Um die Konfluenz von int3 aus Beispiel 3.5 (Kapitel 3.1) nachzuweisen, sind vier signifikante kritische Paare zu überprüfen:

[succ(X), succ(X)] /* Überlappung von I1, I2
[pred(X), pred(X)] /* Überlappung von I1, I2
[X≤Y, succ(X) ≤ succ(Y)] /* Überlappung von I2, I6
[X≤Y, pred(X) ≤ pred(Y)] /* Überlappung von I1, I5

Für jedes der obigen kritischen Paare gibt es ein gemeinsames Redukt der Komponenten, denn $\longrightarrow^{*}$ ist reflexiv und es gilt

$succ(X) \leq succ(Y) \longrightarrow X \leq pred(succ(Y)) \longrightarrow X \leq Y$
$pred(X) \leq pred(Y) \longrightarrow X \leq succ(pred(Y)) \longrightarrow X \leq Y$

Da int3 noethersch und regulär ist, folgt aus Theorem 3.17 die Konfluenz. ***

3.2.3 Termination

Die Verträglichkeit der operationalen und deklarativen Semantik von TESen verlangt für alle konstanten Terme neben der Eindeutigkeit (Konfluenz) die Existenz von Normalformen (Termination). Der Nachweis der Termination wird üblicherweise über die Nicht-Existenz unendlicher Reduktionsfolgen geführt (starke Termination). Die Idee, die diesem Vorgehen zugrunde liegt, ist, die Beweisverfahren in den Knuth-Bendix-Algorithmus [KB70, Hu81] zu integrieren, um Gleichungsmengen kongruenzerhaltend in noethersche und konfluente Regelmengen zu kompilieren.

Die starke Termination ist ebenso wie die Konfluenz i.a. unentscheidbar [HL78]. (vgl. Halteproblem). Eine grundlegende Schwierigkeit des Terminationsnachweises resultiert daraus, daß bestimmte Regeln die Größe eines Termes verrringern, während andere sie vergrößern und Teilausdrücke duplizieren. Zudem sind die Auswirkungen einer Regelanwendung nicht lokal begrenzbar, sondern betreffen Größe und Struktur des gesamten Terms. Ein Terminationsnachweis muß schließlich die vielen, verschiedenen Herleitungen berücksichtigen, die durch die nicht-deterministische Auswahl der Regeln und Unterterme erzeugt werden.

Obwohl von Floyd ursprünglich für imperative Programme vorgeschlagen, sind noethersch geordnete Mengen ein geeignetes Werkzeug, um die Termination von TESen nachzuweisen. Die in KB70 und Pl78 entwickelten Methoden basieren auf der Idee, ausgehend von einer totalen Ordnung auf den Operatoren, eine monotone, noethersche Ordnung > auf den Termen zu konstruieren. Wann immer die Ausprägungen linker Regelseiten größer sind als die Ausprägungen rechter Regelseiten, ist > wegen der Monotonie eine Erweiterung der Reduktionsrelation. Die Noether-Eigenschaft gewährleistet dann, daß es keine unendlichen Reduktionsfolgen gibt.

Allgemeiner, als Terme direkt zu ordnen, ist der Ansatz, sie über eine Terminationsfunktion monoton auf eine vorgegebene, noethersch geordnete Menge abzubilden [MN70]. La79b benutzt als Terminationsfunktionen ganzzahlige Polynome, um Terme durch natürliche Zahlen zu bewerten und über die numerische >-Ordnung miteinander zu vergleichen. DM79 verwendet als "Bewertungsskala" noethersch geordnete Multimengen. Ein entscheidender Nachteil von Terminationsfunktionen ist, daß sie automatische Terminationsbeweise nur bedingt unterstützen.

Grundlage für die meisten der heute implementierten, automatischen Beweisverfahren zur Termination von TESen ist das Konzept der *Vereinfachungsordnungen* ("simplification orderings"). Letztere wurden in De81 eingeführt und unterscheiden sich von noetherschen Ordnungen grundlegend dadurch, daß die Existenz unendlich absteigender Ketten nicht a priori ausgeschlossen ist. Formal ist eine Vereinfachungsordnung als irreflexive, transitive Relation >> auf Termen definiert, für die gilt

(a) Monotonie: A >> A' $\Longrightarrow$ f(...,A,...) >> f(...,A',...)

(b) Unterterm-Eigenschaft: f(...,A,...) >> A

Die eigentliche Bedeutung der Vereinfachungsordnungen resultiert aus einem Theorem von Dershowitz [De82]. Danach ist ein TES mit einer endlichen Menge von Funktionssymbolen stark terminierend, falls es eine Vereinfachungsordnung >> gibt, so daß für alle Regeln A $\longrightarrow$ B und alle Substitutionen θ gilt: Aθ >> Bθ.

Pfadordnungen gehen konzeptionell auf Pl78 zurück und basieren auf der Idee, Präzedenzordnungen auf Operatoren kanonisch zu Terminationsordnungen auf Termen fortzusetzen. Das Verfahren in Pl78 erzeugt aus einer totalen Ordnung auf den Funktionssymbolen eine noethersche Ordnung auf den Termen. Wesentlich allgemeiner ist der Ansatz, die Termination durch Vereinfachungsordnungen zu beweisen, denn letztere sind selbst dann konstruierbar, wenn die Funktionssymbole nur partiell geordnet sind. Die rekursiven Pfadordnungen von Dershowitz ("recursive path orderings" [De82]) nutzen erstmals diesen Vorteil der Vereinfachungsordnungen aus. Verbesserungen der Methode wurden von Jouannaud ("recursive decomposition orderings" [JLR82]) und Kapur ("path orderings" [KNS85]) vorgeschlagen, deren Pfadordnungen den Vorteil der Inkrementalität besitzen; diese Eigenschaft erlaubt es, bei Hinzunahme von Regeln, wie sie in jeder Iteration des Knuth-Bendix-Algorithmus erzeugt werden, die alte Präzedenzordnung automatisch zu inkrementieren, so daß die Termordnung erweitert wird und die neuen Regeln von links nach rechts geordnet werden können. Ein Vergleich der verschiedenen Pfadordnungen findet sich in Ru85.

Obwohl für klassische TESe konzipiert, sind die oben beschriebenen Verfahren gleichermaßen geeignet, die Termination für TESe mit eingeschränkten Variablen nachzuweisen. Zu diesem Zweck konstruiert man durch Vergessen der Variablenbeschränkungen ein TES mit einer erweiterten Reduktionsrelation.

Bezeichnung

Sei V eine Variablendeklaration über Σ=(S,F) und D$\subseteq 2^F$. Dann bezeichnet $V^§$ die Variablendeklaration über Σ und {F}, in der alle Variablen aus V als unbeschränkt behandelt werden, d.h. $V^§_{\{F\},s} = \bigcup_{d\in D} V_{d,s}$ für alle s$\in$S.

Da $T_{\Sigma,V,s} = T_{\Sigma,V^{§},s}$ für alle $s \in S$ gilt, ist die Wohldefiniertheit des folgenden Begriffs gewährleistet.

Definition 3.17

Sei $T=(\Sigma,D,V,R)$ ein TES. Das von T *erzeugte, unbeschränkte* TES $T^{§}$ besteht aus

(1) der Signatur Σ

(2) dem Bereichsteiler {F}

(3) der Variablendeklaration $V^{§}$

(4) der Menge von Regeln $R^{§} = \{A \longrightarrow B \mid A \longrightarrow B \in R\}$

Lemma 3.23

Falls $T^{§}$ stark/schwach terminierend ist, ist auch T stark/schwach terminierend.

Beweis

Es genügt zu zeigen, daß $\xrightarrow{R} \subseteq \xrightarrow{R^{§}}$ gilt. Sei also $A \xrightarrow{R} B$. Dann gibt es eine Regel $G \longrightarrow H$ aus R, eine (Σ,V)-Substitution θ und ein $x \in dom(A)$, so daß $A/x=G\theta$ und $B = A[x \leftarrow H\theta]$. Nach Konstruktion ist $G \longrightarrow H$ eine Regel in $R^{§}$ und θ eine $(\Sigma,V^{§})$-Substitution, so daß $A \xrightarrow{R^{§}} B$. □

Auf der Basis von Lemma 3.23 ist es möglich, konventionelle Methoden einzusetzen, um TESe mit eingeschränkten Variablen als terminierend nachzuweisen.

Beispiel 3.7

Definiere für int3 aus Beispiel 3.5 eine Vereinfachungsordnung >> auf den Termen, so daß A>>B genau dann gilt, wenn entweder die Länge von A größer ist als die Länge von B, oder A,B dieselbe Länge haben und die Folge der direkten Unterterme in A lexikographisch größer ist als die in B:

$f(A_1,\ldots,A_n) >> g(B_1,\ldots,B_m)$

gdw. entweder $|f(A_1,\ldots,A_n)| > |g(B_1,\ldots,B_m)|$

oder $|f(A_1,\ldots,A_n)| = |g(B_1,\ldots,B_m)|$ und $(A_1,\ldots,A_n) >>_{lex} (B_1,\ldots,B_m)$

$(A_1,\ldots,A_n) >>_{lex} (B_1,\ldots,B_m)$

gdw. es ein $i \leq min(n,m)$ gibt, so daß $A_i>>B_i$ und $\neg(B_k>>A_k)$ für alle $k<i$

Zeige, daß die Ausprägungen der linken Regelseiten in int3 größer als die korrespondierenden Ausprägungen der rechten Regelseiten. Seien A,B beliebige Terme zur Sorte int. Dann gilt infolge abnehmender Länge:

1. succ(pred(A)) >> A
2. pred(succ(A)) >> A
3. zero ≤ A >> true
4. zero ≤ pred(A) >> false

Ferner:

5. succ(A) ≤ B >> A ≤ succ(B)
   denn |succ(A) ≤ B| = |A ≤ succ(B)| und
   succ(A) >> A infolge abnehmender Länge
6. pred(A) ≤ B >> A ≤ succ(B)
   denn |pred(A) ≤ B| = |A ≤ succ(B)| und
   pred(A) >> A infolge abnehmender Länge

Nach Lemma 3.23 und Dershowitz' Theorem ist int3 stark terminierend. ***

Der Ansatz, TESe als funktionale Programme anzusehen, verlangt neben der Konfluenz und Termination zur semantischen Fundierung nach geeigneten Strategien, um Normalformen sicher und effizient aufzufinden. Insbesondere dann, wenn die Reduktionsrelation eines TES nur schwach terminiert und nicht noethersch ist, gilt es zu verhindern, daß der Reduktionsprozeß in eine unendliche Herleitungsfolge gerät. Um die Termination von Reduktionsstrategien zu untersuchen, ist es hilfreich, alle von einem Term ausgehenden Reduktionen systematisch und übersichtlich in Form eines Reduktionsbaumes darzustellen. Zu gegebenem TES T = (Σ,D,V,R) ist der *Reduktionsbaum* für einen (Σ,V)-Term A wie folgt definiert:

(a) Jeder Knoten ist mit einem (Σ,V)-Term markiert; für jede Kante besteht die Markierung aus einer Knotenadresse und einer Regel in R.

(b) Die Wurzel ist mit A markiert.

(c) Sei j ein Knoten des Reduktionsbaumes und B der (Σ,V)-Term, mit dem j markiert ist. Dann besitzt j für jedes Paar x∈dom(B), G ⟶ H∈R, zu dem es eine (Σ,V)-Substitution θ gibt, so daß B/x = Gθ gilt, einen direkten Nachfolger r(x,G ⟶ H,j). Der Knoten r(x,G ⟶ H,j) ist mit B[x←Hθ] und die Kante [j, r(x,G ⟶ H,j)] mit x, G ⟶ H markiert.

(d) Der Reduktionsbaum enthält keine anderen Knoten und Kanten als die in (b), (c) explizit geforderten.

In einem Reduktionsbaum unterscheidet man endliche und unendliche Zweige; jeder dieser Zweige repräsentiert eine mögliche Reduktionsfolge. Während die Wurzel mit dem zu reduzierenden Term markiert ist, enthalten die Blattknoten die gesuchten Normalformen.

Eine Reduktionsstrategie ist eine Vorschrift, die bei gegebenem TES für jeden Term festlegt, wie der korrespondierende Reduktionsbaum zu durchsuchen ist. Eine Reduktionsstrategie ist für ein TES *terminierend*, wenn jeder Reduktionsbaum so durchsucht wird, daß das Auffinden eines Blattknotens gewährleistet ist. Da für endliche TESe alle Knoten in einem Reduktionsbaum nur endlich viele Söhne haben, garantiert die *Breitensuchmethode* ein erfolgreiches Auffinden existierender Normalformen. Das Durchsuchen eines Reduktionsbaumes der Breite nach ("brute force"-Strategie) ist aber zeitaufwendig und ineffizient. Im folgenden werden deshalb syntaktische Kriterien entwickelt, die für eine Teilklasse von TESen die Termination bestimmter *Tiefensuchmethoden* sicherstellen.

Die *volle Substitutionsstrategie* geht von der optimistischen Annahme aus, daß Reduktionen an inneren Redexen äußere Redexe nicht zerstören. Der vorgegebene Term wird dann solange an allen Redexen von innen nach außen reduziert, bis eine Normalform gefunden ist. Bei Eingabe eines TES $T = (\Sigma,D,V,R)$ und eines (Σ,V)-Terms A ist die volle Substitutionsstrategie wie folgt gegeben:

Schritt 1: (Initialisierung)
Setze $A_0=A$, $i=0$ und gehe zu Schritt 2.

Schritt 2: (Auswahlregel)
Setze $M_i = red(A_i)$. Falls $M_i=\emptyset$, so terminiere mit A_i. Andernfalls gehe zu Schritt 3.

Schritt 3: (Partitionierung)
Zerlege M_i in disjunkte, nicht-leere Teilmengen $S_{i,1}, S_{i,2},\dots,S_{i,ni}$ $(ni\geq 1)$, so daß für $j=1,\dots,ni$ gilt

$$S_{i,j} = \{x \in (M_i-\bigcup_{k=1}^{j-1} S_{i,k}) \mid \neg\exists y \in (M_i-\bigcup_{k=1}^{j-1} S_{i,k}): x \text{ anc}\neq y\}$$

Gehe zu Schritt 4.

Schritt 4: (Reduktion)
Bestimme (Σ,V)-Terme $A_{i,1},\dots,A_{i,ni}$, so daß $A_i \xrightarrow[S_{i,1}]{} A_{i,1} \xrightarrow[S_{i,2}]{} \dots \xrightarrow[S_{i,ni}]{} A_{i,ni}$. Setze $A_{i+1} = A_{i,ni}$, erhöhe i um 1 und gehe zu Schritt 2.

Die *"parallel outermost"-Strategie* reduziert den gegebenen Term bis zum Auffinden einer Normalform simultan an allen äußersten Redexen. Da die durch die Auswahlregel bestimmte Menge äußerster Redexe unabhängig ist, entfallen neben dem Partitionierungsschritt insbesondere die von der vollen Substitutionsstrategie gemachten Annahmen über die Erhaltung abhängiger Redexe. Die "parallel outermost"-Strategie ist damit grundsätzlich auf beliebige TESe anwendbar.

Eingabe:	TES $T = (\Sigma,D,V,R)$, (Σ,V)-Term A
Schritt 1:	(Initialisierung)
	Setze $A_0=A$, $i=0$ und gehe zu Schritt 2
Schritt 2:	(Auswahlregel)
	Setze $M_i=omr(A_i)$. Falls $M_i=\emptyset$, so terminiere mit A_i. Andernfalls gehe zu Schritt 3.
Schritt 3:	(Reduktion)
	Bestimme einen (Σ,V)-Term A_{i+1}, so daß $A_i \xrightarrow[M_i]{} A_{i+1}$. Erhöhe i um 1 und gehe zu Schritt 2.

Die Strategie der vollen Substitution und die "parallel outermost"-Strategie sind nichtdeterministisch, weil sie zwar die Redexe bestimmen, an denen ein Term zu reduzieren ist, aber die Auswahl der anzuwendenden Regel offenlassen und folglich das Ergebnis der Reduktionen nicht eindeutig festlegen. Die folgenden Untersuchungen über die Termination beider Reduktionsstrategien beziehen sich daher ausschließlich auf die Teilklasse der deterministischen TESe. Letztere gewährleisten, daß die volle Substitutionsstrategie ebenso wie die "parallel outermost"-Strategie für jeden Term den Reduktionsbaum (bis auf die Reihenfolge der Reduktionen an unabhängigen Redexen) deterministisch durchsuchen.

Definition 3.18

Ein TES $T = (\Sigma,D,V,R)$ ist *deterministisch*, wenn für alle Regeln $A \longrightarrow B$, $G \longrightarrow H$ in R und alle (Σ,V)-Substitutionen θ,λ gilt: $A\theta = G\lambda \Longrightarrow B\theta = H\lambda$.

Lemma 3.24

Sei $T = (\Sigma,D,V,R)$ deterministisch. Dann gilt für alle $x \in \mathbb{N}^*$: $A \xrightarrow[x]{} B$ und $A \xrightarrow[x]{} C$ impliziert B=C.

Beweis:

Sei $A \xrightarrow[x]{} B$ und $A \xrightarrow[x]{} C$. Dann gibt es Regeln $G \longrightarrow H$, $P \longrightarrow Q$ in R und (Σ,V)-Substitutionen θ,λ, so daß $A/x = G\theta = P\lambda$, $B = A[x \leftarrow H\theta]$ und $C = A[x \leftarrow Q\lambda]$. Da T deterministisch ist, gilt $H\theta = Q\lambda$, und somit B=C. □

Korollar 3.25

Sei $T = (\Sigma,D,V,R)$ deterministisch. Dann gilt für alle $M \subseteq P^{\perp}(\mathbb{N}^*)$: $A \xrightarrow[M]{} B$ und $A \xrightarrow[M]{} C$ impliziert B=C.

Beweis: vollständige Induktion über $|M|$

Der Induktionsanfang für $|M|=0$ ist trivial, denn aus $A \xrightarrow[\emptyset]{} B$ und $A \xrightarrow[\emptyset]{} C$ folgt sofort $B=A=C$. Sei also $M = \{x_1,\ldots,x_n\}$ ($n \in \mathbb{N}$) und $M' = M-\{x_n\}$. Da $A \xrightarrow[M]{} B$ und $A \xrightarrow[M]{} C$, gibt es für alle $x \in M$ Regeln $G_x \longrightarrow H_x$, $P_x \longrightarrow Q_x$ in R und (Σ,V)-Substitutionen θ_x,λ_x, so daß

(1) $A/x = G_x\theta_x = P_x\lambda_x \quad (\forall x \in M)$

(2) $B = A[x \leftarrow H_x\theta_x | x \in M]$

(3) $C = A[x \leftarrow Q_x\lambda_x | x \in M]$

Da $M' \subseteq M$, gilt nach (1): $A \xrightarrow[M']{} A[x \leftarrow H_x\theta_x | x \in M']$ und $A \xrightarrow[M']{} A[x \leftarrow Q_x\lambda_x | x \in M']$, so daß mit der Induktionsannahme folgt:

(4) $A[x \leftarrow H_x\theta_x | x \in M'] = A[x \leftarrow Q_x\lambda_x | x \in M']$

Da $M = M' \,\dot{\cup}\, \{x_n\}$ nach Vor. eine unabhängige Menge ist, ergibt sich durch sukzessive Anwendung von Lemma 2.7(2a): $A[x \leftarrow H_x\theta_x | x \in M']/x_n = A/x_n = A[x \leftarrow Q_x\lambda_x | x \in M']$. Mit (1),(2),(3) gilt dann $A[x \leftarrow H_x\theta_x | x \in M'] \xrightarrow[x_n]{} B$ und $A[x \leftarrow Q_x\lambda_x | x \in M'] \xrightarrow[x_n]{} C$. Mit (4) und Lemma 3.24 folgt schließlich $B=C$. □

Die folgenden Untersuchungen über die Termination der vollen Substitutionsstrategie und der "parallel outermost"-Strategie basieren auf den zentralen Begriffen der Residuenabbildung und der Abgeschlossenheit von TESen bzgl. solcher Abbildungen. Die gleichen Techniken wurden bereits in Ros73 eingesetzt, um die Konfluenz von TESen nachzuweisen; O'D77 zeigte, daß sie ebenfalls geeignet sind, die Termination bestimmter Reduktionsstrategien zu gewährleisten. In EP80 wurden die Ergebnisse aus Ros73 und O'D77 auf heterogene (mehrsortige) TESe übertragen.

Definition 3.19

Ein TES $T = (\Sigma,D,V,R)$ heißt *konstant*, wenn für jede Regel $A \longrightarrow B$ in R gilt: $var(A) = var(B) = \emptyset$.

Definition 3.20

Gegeben sei ein konstantes, deterministisches TES $T = (\Sigma,D,V,R)$. Eine *Residuenabbildung* ist eine Funktion $r\colon R \longrightarrow (\mathbb{N}^* \longrightarrow P^{\perp}(\mathbb{N}^*))$, so daß für alle $A \longrightarrow B$ in R gilt:

(1) $x \in red(A) \wedge y \in r(A \longrightarrow B)(x) \Longrightarrow y \in red(B)$

(2) $x \perp y \Longrightarrow r(A \longrightarrow B)(x) \perp r(A \longrightarrow B)(y)$

(3) $r(A \longrightarrow B)(\,) = \emptyset$

Definition 3.21

Sei $T = (\Sigma,D,V,R)$ ein konstantes, deterministisches TES. T ist *abgeschlossen bzgl. einer Residuenabbildung* r, wenn es für $A \longrightarrow B \in R$, $x \in (dom(A)-\{()\})$ und $A \xrightarrow[x]{} A'$ ein B' gibt, so daß

(1) $A' \longrightarrow B' \in R$ und $B \xrightarrow[r(A \longrightarrow B)(x)]{} B'$

(2) $y \perp x \Longrightarrow r(A \longrightarrow B)(y) = r(A' \longrightarrow B')(y)$

Punkt (1) der obigen Definition garantiert eine spezielle Form der lokalen Konfluenz für Grundterme:

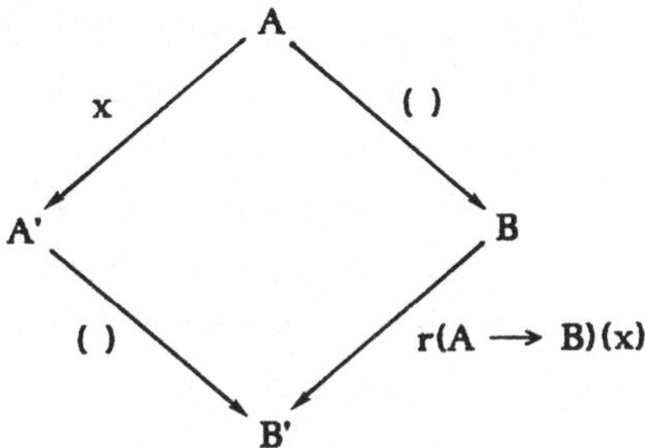

Theorem 3.26 [Ros73, EP80]
Jedes konstante, deterministische TES, das bzgl. einer Residuenabbildung abgeschlossen ist, ist auf Grundtermen konfluent.

Die Abgeschlossenheit garantiert nach Lemma 2.3 für alle Grundterme, daß ihre Normalformen, sofern sie existieren, eindeutig sind. Die volle Substitutionsstrategie ist dann in dem Sinne terminierend, daß sie existierende Normalformen sicher auffindet.

Theorem 3.27 [O'D77, EP80]
Sei T = (Σ,D,V,R) ein konstantes, deterministisches TES, das bzgl. einer Residuenabbildung abgeschlossen ist. Dann ist die volle Substitutionsstrategie für Grundterme terminierend, d.h. für jeden Σ-Term A findet die volle Substitutionsstrategie die Normalform nf(A), sofern sie existiert.

Nach einer Vermutung in O'D77 (der entsprechende Beweis ist fehlerhaft) verursacht die "parallel outermost"-Strategie i.a. geringere Kosten als die volle Substitutionsstrategie, vorausgesetzt, sie ist terminierend. Um letzteres zu gewährleisten, wird neben der Abgeschlossenheit die Eigenschaft benötigt, daß die Ersetzung von Untertermen außen keine neuen Redexe erzeugt (outer-Eigenschaft). Da infolge der Abgeschlossenheit außen auch keine alten Redexe zerstört werden, bleiben äußere Redexe gegenüber der Reduktion an inneren Redexen invariant.

Definition 3.22
Gegeben sei ein TES T = (Σ,D,V,R). Seien A,B (Σ,V)-Terme und x,y,z $\in$ dom(A), so daß x anc y anc$\neq$ z, y,z$\in$red(A) und A $\xrightarrow[z]{}$ B. T ist *outer* (auf Grundtermen), wenn für alle obigen Situationen (in denen A,B Grundterme sind) gilt: x $\notin$ red(A) $\Longrightarrow$ x $\notin$ red(B).

Theorem 3.28 [O'D77, EP80]
Sei T = (Σ,D,V,R) ein konstantes, deterministisches TES, das auf Grundtermen outer und bzgl. einer Residuenabbildung abgeschlossen ist. Dann ist die "parallel outermost"-Strategie für Grundterme terminierend.

Die Ergebnisse in O'D77, EP80 dienen als Grundlage, um die Termination der vollen Substitutionsstrategie und der "parallel outermost"-Strategie für TESe mit variablen Regeln nachzuweisen. Die Grundidee besteht darin, ein beliebiges TES T in ein konstantes TES T^* zu übersetzen, so daß die Terme in T mit den Grundtermen in T^* vergleichbar sind und die Reduktionen auf vergleichbaren Termen übereinstimmen. Ziel ist es, eine Klasse von TESen auszuzeichnen, deren Übersetzungen den Voraussetzungen in den Theoremen 3.27 und 3.28 genügen: Wegen der korrespondierenden Reduktionen sind dann die Aussagen über die Termination der vollen Substitutionsstrategie und der "parallel outermost"-Strategie von T^* auf T übertragbar.

Definition 3.23

Sei $\Sigma=(S,F)$ eine Signatur und $V=(V_{d,s})_{d\in D,s\in S}$ eine Variablendeklaration über Σ und $D\subseteq 2^F$. Die *erweiterte Signatur* $\Sigma(V) = (S,F^\#)$ enthält neben den Funktionssymbolen in F die Variablen aus V als Konstanten:

$$F^\#_{\lambda,s} = F_{\lambda,s} \;\dot{\cup}\; \bigcup_{d\in D} V_{d,s} \quad \text{für alle } s\in S$$
$$F^\#_{w,s} = F_{w,s} \quad \text{sonst}$$

Notation

Die syntaktische Gleichheit definiert eine Familie bijektiver Abbildungen $T_{\Sigma,V} \longrightarrow T_{\Sigma(V)} = (T_{\Sigma,V,s} \longrightarrow T_{\Sigma(V),s})_{s\in S}$. Zu jedem (Σ,V)-Term A wird der korrespondierende $\Sigma(V)$-Term mit $A^\#$ bezeichnet, und umgekehrt.

Definition 3.24

Sei ein TES T = (Σ,D,V,R) gegeben. Das zu T *korrespondierende, konstante TES* T^* besteht aus

(1) der erweiterten Signatur $\Sigma(V)$

(2) einem Bereichsteiler D^* über $\Sigma(V)$

(3) einer Variablendeklaration V^* über $\Sigma(V)$ und D^*

(4) der Menge von Regeln $R^* = \{A\theta^\# \longrightarrow B\theta^\# \mid A \longrightarrow B\in R,\ \theta\in SUB_{\Sigma,V}\}$

Lemma 3.29

Für jedes TES T = (Σ,D,V,R) gilt: $A \xrightarrow[x]{R} B \iff A^\# \xrightarrow[x]{R^*} B^\#$

<u>Beweis</u>:

"$\Longrightarrow$": Wegen $A \xrightarrow[x]{R} B$ gibt es eine Regel $G \longrightarrow H\in R$ und eine (Σ,V)-Substitution θ, so daß $A/x=G\theta$ und $B=A[x\leftarrow H\theta]$. Somit, $A^\#/x=(A/x)^\#=G\theta^\#$ und $B^\#=A[x\leftarrow H\theta]^\#=A^\#[x\leftarrow H\theta^\#]$. Da nach Konstruktion $G\theta^\# \longrightarrow H\theta^\#\in R$, folgt die Beh.

"$\Longleftarrow$": Sei $A^\# \xrightarrow{R^*} B^\#$. Dann gibt es eine Regel $G\theta^\# \longrightarrow H\theta^\#\in R^*$ und eine $(\Sigma(V),V^*)$-Substitution λ, so daß $A^\#/x=G\theta^\#\lambda$ und $B^\#=A^\#[x\leftarrow H\theta^\#\lambda]$. Da T^* konstant ist, gilt $G\theta^\#\lambda=G\theta^\#$ sowie $H\theta^\#\lambda=H\theta^\#$. Aus $(A/x)^\#=A^\#/x=G\theta^\#$ und $B^\#=A^\#[x\leftarrow H\theta^\#]=A[x\leftarrow H\theta]^\#$ folgt dann $A/x=G\theta$ und $B= A[x\leftarrow H\theta]$. Da nach Konstruktion $G\longrightarrow H\in R$ und $\theta\in SUB_{\Sigma,V}$, ergibt sich die Beh. □

Korollar 3.30: Sei T = (Σ,D,V,R) ein TES. Dann gilt:

(a) $A \xrightarrow[M]{R} B \Longleftrightarrow A^{\#} \xrightarrow[M]{R^*} B^{\#}$

(b) $red(A) = red(A^{\#})$

Beweis:

zu (a): mit Lemma 3.29 und Lemma 3.11

zu (b): direkt aus Lemma 3.29 □

Aufgrund der korrelierten Reduktionen ist es möglich, Aussagen über die Termination von Reduktionsstrategien von T^* auf T zu übertragen. Der "Umweg" über T^* wird gewählt, weil für konstante TESe die Termination der vollen Substitutionsstrategie und der "parallel outermost"-Strategie bereits geklärt ist. Für eine maschinelle Verarbeitung ist es allerdings erforderlich, die Klasse der TESe T syntaktisch so einzuschränken, daß T^* die semantischen Voraussetzungen in Theorem 3.27 und 3.28 automatisch erfüllt.

Definition 3.25

Ein TES T = (Σ,D,V,R) heißt *eindeutig*, wenn für alle Regeln A ⟶ B, G ⟶ H in R und (Σ,V)-Substitutionen θ,λ gilt: $A\theta = G\lambda \Longrightarrow$ A ⟶ B und G ⟶ H sind gleich bis auf Umbenennung von Variablen.

Ein TES ist nach dem Superpositionstheorem genau dann eindeutig, wenn alle Regeln A ⟶ B, G ⟶ H in R, für die die Superposition von G auf ( ) in A existiert, bis auf Umbenennung von Variablen gleich sind. Auf der Basis dieser Charakterisierung kann dann der Superpositionsalgorithmus dazu dienen, die Eindeutigkeit von TESen zu entscheiden.

Lemma 3.31

Gegeben sei ein TES T = (Σ,D,V,R). Falls T eindeutig ist, ist T^* deterministisch.

Beweis:

Seien $A\theta^{\#} \longrightarrow B\theta^{\#}$, $G\lambda^{\#} \longrightarrow H\lambda^{\#}$ Regeln in R^* und β,η $(\Sigma(V),V^*)$-Substitutionen, so daß $A\theta^{\#}\beta=G\lambda^{\#}\eta$. Da T^* konstant ist, folgt $A\theta^{\#}=A\theta^{\#}\beta=G\lambda^{\#}\eta=G\lambda^{\#}$ und somit auch $A\theta=G\lambda$. Nach Konstruktion sind θ,λ (Σ,V)-Substitutionen und A ⟶ B, G ⟶ H Regeln in R. Wegen der Eindeutigkeit von T sind A ⟶ B und G ⟶ H gleich bis auf Umbenennung von Variablen. Es gibt also (Σ,V)-Substitutionen Φ,Φ', so daß $A\Phi=G$, $B\Phi=H$, $G\Phi'=A$ und $H\Phi'=B$. Also gilt $A\theta=G\lambda=(A\Phi)\lambda=A(\Phi\lambda)$. Da $var(B) \subseteq var(A)$, folgt $B\theta=B(\Phi\lambda)=(B\Phi)\lambda=H\lambda$. Folglich gilt $B\theta^{\#}=H\lambda^{\#}$, und, da T^* konstant ist, auch $B\theta^{\#}\beta=B\theta^{\#}=H\lambda^{\#}=H\lambda^{\#}\eta$. □

Wann immer T eindeutig ist, ist T^* konstant und deterministisch. Folglich ist der Begriff der Residuenabbildung für T^* wohldefiniert, und es gilt der folgende Satz:

Satz 3.32

Sei $T = (\Sigma,D,V,R)$ linkslinear und eindeutig.

Dann ist die Abbildung r^*: $R^* \longrightarrow (\mathbb{N}^* \longrightarrow P^\perp(\mathbb{N}^*))$, die definiert ist durch

$$r^*(A\theta^\# \longrightarrow B\theta^\#)(x) = \begin{cases} \{y\cdot z \mid y\in B^{-1}(Au)\} & ,\text{falls } x=u\cdot z \text{ und } Au\in V \\ \emptyset & ,\text{sonst} \end{cases}$$

eine Residuenabbildung. r^* wird als *kanonische Residuenabbildung* bezeichnet.

Beweis:

Zeige zunächst, daß r^* wohldefiniert ist. Seien $A\theta^\# \longrightarrow B\theta^\#$, $G\lambda^\# \longrightarrow H\lambda^\#$ identische Regeln in R^*, d.h. $A\theta^\#=G\lambda^\#$ und $B\theta^\#=H\lambda^\#$. Dann gilt auch $A\theta=G\lambda$, und wegen der Eindeutigkeit von T sind $A \longrightarrow B$ und $G \longrightarrow H$ gleich bis auf Umbenennung von Variablen. Folglich, mit der Def. von r^*: $r^*(A\theta^\# \longrightarrow B\theta^\#)(x) = r^*(G\lambda^\# \longrightarrow H\lambda^\#)(x)$ für alle $x\in\mathbb{N}^*$.

Zeige im folgenden, daß r^* die Eigenschaften einer Residuenabbildung hat. Zu zeigen ist also die Gültigkeit der Punkte (1)-(3) in Def. 3.20.

zu (1)

Sei $A\theta^\# \longrightarrow B\theta^\#\in R^*$, $x\in red(A\theta^\#)$ und $y\in r^*(A\theta^\# \longrightarrow B\theta^\#)(x)$. Da $r^*(A\theta^\# \longrightarrow B\theta^\#)(x) \neq \emptyset$, gibt es nach Def. von r^* ein $u\in dom_V(A)$, so daß $x=u\cdot z$ und $y\in \{w\cdot z \mid w\in B^{-1}(Au)\}$. Folglich, $A\theta/x = B\theta/y$. Aus $A\theta^\#/x = (A\theta/x)^\# = (B\theta/y)^\# = B\theta^\#/y$ und $x\in red(A\theta^\#)$ folgt dann direkt $y\in red(B\theta^\#)$.

zu (2)

Sei $A\theta^\# \longrightarrow B\theta^\#\in R^*$ und $x,y\in\mathbb{N}^*$, so daß $x\perp y$. Nehme o.B.d.A. an, daß $r^*(A\theta^\# \longrightarrow B\theta^\#)(x) \neq \emptyset$ und $r^*(A\theta^\# \longrightarrow B\theta^\#)(y) \neq \emptyset$. Dann gibt es nach Def. von r^* Adressen $u,v\in dom_V(A)$, so daß $x=u\cdot w$ und $y=v\cdot z$. Falls $u=v$, so folgt mit $x\perp y$ auch $w\perp z$, und es gilt:

$r^*(A\theta^\# \longrightarrow B\theta^\#)(x) = \{q\cdot w \mid q\in B^{-1}(Au)\} \perp \{q\cdot z \mid q\in B^{-1}(Au)\} = r^*(A\theta^\# \longrightarrow B\theta^\#)(y)$.

Falls $u\neq v$, so folgt mit der Linkslinearität $Au\neq Av$ und damit $B^{-1}(Au) \perp B^{-1}(Av)$. Also auch $r^*(A\theta^\# \longrightarrow B\theta^\#)(x) = \{q\cdot w \mid q\in B^{-1}(Au)\} \perp \{p\cdot z \mid p\in B^{-1}(Av)\} = r^*(A\theta^\# \longrightarrow B\theta^\#)(y)$.

zu (3):

Sei $A\theta^\# \longrightarrow B\theta^\#$ in R^*. Da $A \longrightarrow B$ nach Konstruktion eine Regel aus R ist, gilt $A\notin V$. Nach Def. von r^* folgt damit $r^*(A\theta^\# \longrightarrow B\theta^\#)(\,) = \emptyset$. □

Damit T^* bzgl. der von einem TES T erzeugten, kanonischen Residuenabbildung abgeschlossen ist, sind weitere syntaktische Einschränkungen erforderlich.

Definition 3.26

Ein TES $T = (\Sigma,D,V,R)$ ist *nichtüberlappend*, wenn für alle Regeln $A \longrightarrow B$, $G \longrightarrow H$ in R und $x\in dom_F(A)$ gilt: Falls die Superposition von G auf x in A existiert, so ist $x=()$.

Die Eigenschaft eines TES (Σ,D,V,R), nichtüberlappend zu sein, ist direkt mit Hilfe des Superpositionsalgorithmus überprüfbar. Zusammen mit der Eindeutigkeit gewährleistet sie, daß es keine signifikanten kritischen Paare in R gibt, d.h. alle kritischen Paare in R bestehen aus identischen Komponenten. Unter Annahme der Regularität und Linkslinearität folgt dann mit Korollar 3.22 die Konfluenz. Die gleiche Aussage ergibt sich mit Theorem 3.26, Lemma 3.29 und dem folgenden Satz.

Satz 3.33

Sei $T = (\Sigma,D,V,R)$ linkslinear, eindeutig, nichtüberlappend und regulär. Dann ist T^* bzgl. der von T erzeugten, kanonischen Residuenabbildung abgeschlossen.

Beweis:

Sei $A\theta^\# \longrightarrow B\theta^\# \in R^*$ und $A\theta^\# \xrightarrow[x]{} C^\#$ für ein $x \in (dom(A\theta^\#)-\{()\})$. Dann gibt es eine Regel $G\lambda^\# \longrightarrow H\lambda^\#$ in R^* und eine $(\Sigma(V),V^*)$-Substitution η, so daß $A\theta^\#/x = G\lambda^\#\eta$ und $C^\# = A\theta^\#[x \leftarrow H\lambda^\#\eta]$. Da T konstant ist, gilt $G\lambda^\#\eta = G\lambda^\#$, $H\lambda^\#\eta = H\lambda^\#$ und damit $(A\theta/x)^\# = A\theta^\#/x = G\lambda^\#$ und $C^\# = A\theta^\#[x \leftarrow H\lambda^\#] = A\theta[x \leftarrow H\lambda]^\#$. Es folgt direkt (*) $A\theta/x = G\lambda$ und (**) $C = A\theta[x \leftarrow H\lambda]$. Da T nichtüberlappend ist und $x \neq ()$, gibt es wegen (*) und dem Superpositionstheorem ein $y \in dom_V(A)$ und $Y \in V$, so daß $x = y \cdot z$ und $A/y = Y$. Mit Lemma 2.7(4a), Lemma 3.1 gilt dann

(1) $\quad G\lambda = A\theta/y \cdot z = (A\theta/y)/z$

(2) $\quad Y\theta = (A/y)\theta = A\theta/y$

Da $G \in V$, folgt $Y \leftarrow A\theta/y \in \theta$, so daß

(3) $\quad func(A\theta/y) \subseteq range(Y)$

(4) $\quad range(Z) \subseteq range(Y) \quad$ für alle $Z \in var(A\theta/y)$

Mit $var(H) \subseteq var(G)$ gilt auch $var(H\lambda) \subseteq var(G\lambda)$. Aus (1),(4) folgt dann

(5) $\quad range(Z) \subseteq range(Y) \quad$ für alle $Z \in var(A\theta/y[z \leftarrow H\lambda])$

und aus (1),(3) unter Ausnutzung der Regularität

(6) $\quad func(A\theta/y[z \leftarrow H\lambda]) \subseteq range(Y)$

Wegen (5),(6) ist

$$\theta' = \begin{cases} (\theta - \{Y \leftarrow A\theta/y\}) \cup \{Y \leftarrow A\theta/y[z \leftarrow H\lambda]\}, & \text{falls } Y \neq A\theta/y[z \leftarrow H\lambda] \\ \theta - \{Y \leftarrow A\theta/y\} & \text{, sonst} \end{cases}$$

eine (Σ,V)-Substitution, und es gilt

(7) $\quad A\theta' = A\theta[y \leftarrow A\theta/y[z \leftarrow H\lambda]] \quad$ [Linkslinearität]

$\quad\quad = A\theta[y \cdot z \leftarrow H\lambda] \quad$ [Lemma 2.7(1b), Lemma 2.7(1c)]

$\quad\quad = A\theta[x \leftarrow H\lambda]$

$\quad\quad = C \quad$ [mit (**)]

Sei $B^{-1}Y = \{q_1,\dots,q_n\}$ $(n \in \mathbb{N}_0)$. Dann gilt

(8) $\quad B\theta/q_i = A\theta/y \quad (i=1,\dots,n)$

und folglich

(9) $B\theta' = B\theta[q_1 \leftarrow A\theta/y[z \leftarrow H\lambda]] \ldots [q_n \leftarrow A\theta/y[z \leftarrow H\lambda]]$ [Def. θ']
$= B\theta[q_1 \leftarrow B\theta(q_1[z \leftarrow H\lambda]] \ldots [q_n \leftarrow B\theta/q_n[z \leftarrow H\lambda]]$ [mit (8)]
$= B\theta[q_1 \cdot z \leftarrow H\lambda] \ldots [q_n \cdot z \leftarrow H\lambda]$ [Lemma 2.7(1b),(1c),(2b)]

Nach (1),(8) und Lemma 2.7(4a) ist $G\lambda = (A\theta/y)/z = (B\theta/q_i)/z = B\theta/q_i \cdot z$ $(i=1,\ldots,n)$, so daß mit (9) folgt:

(10) $B\theta \xrightarrow[\{q \cdot z \mid q \in B^{-1}Y\}]{} B\theta'$

Mit $A/y=Y$ und $Y \in V$ gilt auch $Ay=Y$. Mit $x=y \cdot z$ folgt dann direkt aus der Def. der von T erzeugten kanonischen Residuenabbildung : $r^*(A\theta^\# \longrightarrow B\theta^\#)(x) = \{q \cdot z \mid q \in B^{-1}Y\}$. Mit (10) und Korollar 3.30(a) folgt weiter

(11) $B\theta^\# \xrightarrow[r^*(A\theta^\# \longrightarrow B\theta^\#)(x)]{} (B\theta')^\#$

Da $A \longrightarrow B$ eine Regel in R und θ' eine (Σ,V)-Substitution ist, gilt nach Def. von R^*

(12) $(A\theta')^\# \longrightarrow (B\theta')^\# \in R^*$

wobei nach Def. von r^*

(13) $r^*(A\theta^\# \longrightarrow B\theta^\#)(w) = r^*((A\theta')^\# \longrightarrow (B\theta')^\#)(w)$ für alle $w \in N^*$

Nach (7) ist $C^\# = (A\theta')^\#$, so daß mit (11),(12),(13) die Behauptung folgt. □

Korollar 3.34
Jedes linkslineare, eindeutige, nichtüberlappende und reguläre TES ist konfluent.

Beweis:
direkt aus Satz 3.33, Theorem 3.26 und Lemma 3.29. □

Wann immer ein TES die syntaktischen Kriterien in Korollar 3.34 erfüllt, ist nach Lemma 2.3 die Normalform eines Terms eindeutig bestimmt, und es gilt:

Theorem 3.35
Sei T = (Σ,D,V,R) linkslinear, eindeutig, nichtüberlappend und regulär. Dann ist die volle Substitutionsstrategie terminierend, d.h. für jeden (Σ,V)-Term A findet die volle Substitutionsstrategie die Normalform nf(A), sofern sie existiert.

Beweis:
Hilfssatz
Sei $Q \equiv A_0^\# \xrightarrow[S_{0,1}]{} \cdots \xrightarrow[S_{0,n0}]{} A_1^\# \xrightarrow[S_{1,1}]{} \cdots \xrightarrow[S_{1,n1}]{} A_2^\# \ldots A_i^\# \ldots$ $(i \geq 0)$ die (nicht notwendigerweise unendliche) Reduktionsfolge, die die volle Substitutionsstrategie bei Eingabe von T^* und $A_0^\#$ erzeugt. Dann erzeugt sie bei Eingabe von T und A_0 die Reduktionsfolge $Q' \equiv A_0 \xrightarrow[S_{0,1}]{} \cdots \xrightarrow[S_{0,n0}]{} A_1 \xrightarrow[S_{1,1}]{} \cdots \xrightarrow[S_{1,n1}]{} A_2 \ldots A_i \ldots$

Beweis:

Zeige durch vollständige Induktion für alle $k \in \mathbb{N}_0$ bzw. für alle $k \le i$, sofern Q endlich ist, daß die volle Substitutionsstrategie bei Eingabe von T und A_0 bis zum Term A_k die gewünschte Herleitungsfolge erzeugt. Wann immer Q endlich ist, bricht dann auch Q' wegen Korollar 3.30(a) automatisch bei A_i ab.

Der Induktionsanfang für k=0 ist trivial. Nehme also an, daß die volle Substitutionsstrategie die Herleitungsfolge $A_0 \xrightarrow[S_{0,1}]{} \ldots \xrightarrow[S_{0,n0}]{} A_1 \xrightarrow[S_{1,1}]{} \ldots \xrightarrow[S_{1,n1}]{} A_2 \ldots A_k$ $(0 \le k < i)$ bereits erzeugt hat. Da nach Korollar 3.30(b) $red(A_k) = red(A_k^{\#})$ ist, wird $red(A_k)$ ebenso wie $red(A_k^{\#})$ in disjunkte, nicht-leere Teilmengen $S_{k,1}, S_{k,2}, \ldots, S_{k,nk}$ zerlegt, und es gilt nach Korollar 3.30(a): $A_k \xrightarrow[S_{k,1}]{} A_{k,1} \xrightarrow[S_{k,2}]{} \ldots \xrightarrow[S_{k,nk}]{} A_{k,nk} = A_{k+1}$.

Es bleibt zu zeigen, daß $A_{k,1}, \ldots, A_{k,nk}$ durch A_k und $S_{k,1}, \ldots, S_{k,nk}$ eindeutig bestimmt sind. Nehme dazu an, daß auch $A_k \xrightarrow[S_{k,1}]{} B_{k,1} \xrightarrow[S_{k,2}]{} \ldots \xrightarrow[S_{k,nk}]{} B_{k,nk}$ gilt. Nach Korollar 3.30(a) folgt dann $A_k^{\#} \xrightarrow[S_{k,1}]{} B_{k,1}^{\#} \xrightarrow[S_{k,2}]{} \ldots \xrightarrow[S_{k,nk}]{} B_{k,nk}^{\#}$, so daß mit Korollar 3.25 und Lemma 3.31 gilt: $B_{k,j}^{\#} = A_{k,j}^{\#}$ $(j=1,\ldots,nk)$. Folglich auch $B_{k,j} = A_{k,j}$ $(j=1,\ldots,nk)$. □

Sei A ein (Σ,V)-Term, so daß nf(A) existiert. Dann existiert nach Lemma 3.29 auch $nf(A^{\#})$, und die volle Substitutionsstrategie erzeugt bei Eingabe von T^{*} und $A^{\#}$ nach Satz 3.33 und Theorem 3.27 eine Reduktionsfolge $A^{\#} = A_0^{\#} \xrightarrow[S_{0,1}]{} \ldots \xrightarrow[S_{0,n0}]{} A_1^{\#} \xrightarrow[S_{1,1}]{} \ldots \xrightarrow[S_{1,n1}]{} A_2^{\#} \ldots A_i^{\#} = nf(A^{\#})$. Da $nf(A^{\#}) = nf(A)^{\#}$, folgt mit obigem Hilfssatz die Beh.

Q.E.D.

Die syntaktischen Kriterien in Theorem 3.35 garantieren, daß T^{*} bzgl. einer Residuenabbildung abgeschlossen ist. Die Eigenschaft der Co-Regularität stellt dann sicher, daß T^{*} auf Grundtermen outer ist und daß die "parallel outermost"-Strategie für T terminiert.

Definition 3.27

Ein TES $T = (\Sigma,D,V,R)$ ist *co-regulär*, wenn für jede Regel $A \longrightarrow B$ in R und jeden Bereich $d \in D$ gilt: $func(B) \subseteq d \Longrightarrow [func(A) \subseteq d \wedge \forall X \in (var(A)-var(B)): range(X) \subseteq d]$

Für jede Regel $A \longrightarrow B \in R$ gilt $var(B) \subseteq var(A)$ und somit $var(B)-var(A) = \emptyset$. Folglich ist

$func(A) \subseteq d \Longrightarrow func(B) \subseteq d$ (Regularität)

äquivalent zu

$func(A) \subseteq d \Longrightarrow [func(B) \subseteq d \wedge \forall X \in (var(B)-var(A)): range(X) \subseteq d]$

Regularität und Co-Regularität sind dann in dem Sinne duale Eigenschaften, daß sie durch Umkehrung der Regeln auseinander hervorgehen.

Lemma 3.36

Sei $T = (\Sigma,D,V,R)$ linkslinear, nicht-überlappend, regulär und co-regulär. Dann besitzt T auch die outer-Eigenschaft.

Beweis:

Sei A ein (Σ,V)-Term, $y,z \in red(A)$, so daß $y\ anc\neq\ z$ und $A \underset{z}{\rightarrow} B$.

Dann gibt es Regeln $C_1 \longrightarrow D_1$, $C_2 \longrightarrow D_2$ in R und (Σ,V)-Substitutionen θ_1,θ_2, so daß

(1) $A/z = C_1\theta_1,\quad B = A[z \leftarrow D_1\theta_1]$

(2) $A/y = C_2\theta_2$

Da $y\ anc\neq\ z$, sei o.B.d.A. (*) $z=y \cdot u$ mit $u \in \mathbb{N}^+$. Aus (1), (2) folgt dann:

(3) $C_1\theta_1 = A/z = A/y \cdot u = (A/y)/u = C_2\theta_2/u$

Wegen der Nichtüberlappung gibt es ein $w_2 \in dom_V(C_2)$, so daß (**) $u=w_2 \cdot v_2$. Sei $C_2/w_2=X_2 \in V$. Dann gilt

(4) $C_1\theta_1 = (C_2\theta_2/w_2)/v_2$ [mit (3), (**), Lemma 2.7(4a)]

(5) $X_2 \leftarrow C_2\theta_2/w_2 \in \theta_2$ [mit (4), $C_1 \notin V$, Lemma 3.5]

Direkt aus (5):

(6a) $func(C_2\theta_2/w_2) \subseteq range(X_2)$

(6b) $\forall Z \in var(C_2\theta_2/w_2) : range(Z) \subseteq range(X_2)$

Aus $func(C_2\theta_2/w_2) \subseteq range(X_2)$

$\Longleftrightarrow func(C_2\theta_2/w_2[v_2 \leftarrow C_1\theta_1]) \subseteq range(X_2)$ [(4), Lemma 2.7(1c)]

$\Longrightarrow func(C_2\theta_2/w_2[v_2 \leftarrow D_1\theta_1]) \subseteq range(X_2)$ [$var(D_1) \subseteq var(C_1)$, Regularität]

und $var(C_2\theta_2/w_2)$

$= var(C_2\theta_2/w_2[v_2 \leftarrow C_1\theta_1])$ [(4), Lemma 2.7(1c)]

$\subseteq var(C_2\theta_2/w_2[v_2 \leftarrow D_1\theta_1])$ [$var(D_1) \subseteq var(C_1)$]

folgt mit (5), (6a), (6b), daß

$$\theta_2' = \begin{cases} (\theta_2 - \{X_2 \leftarrow C_2\theta_2/w_2\}) \cup \{X_2 \leftarrow C_2\theta_2/w_2[v_2 \leftarrow D_1\theta_1]\}, & \text{falls } X_2 \neq C_2\theta_2/w_2[v_2 \leftarrow D_1\theta_1] \\ \theta_2 - \{X_2 \leftarrow C_2\theta_2/w_2\} & \text{, sonst} \end{cases}$$

eine (Σ,V)-Substitution ist, und es gilt:

(7) $C_2\theta_2'$

$= C_2\theta_2[w_2 \leftarrow C_2\theta_2/w_2[v_2 \leftarrow D_1\theta_1]]$ [$C_2/w_2=X_2$, Def. θ_2', Linkslinearität]

$= C_2\theta_2[w_2 \leftarrow C_2\theta_2/w_2][w_2 \cdot v_2 \leftarrow D_1\theta_1]$ [Lemma 2.7(1b)]

$= C_2\theta_2[w_2 \cdot v_2 \leftarrow D_1\theta_1]$ [Lemma 2.7(1c)]

$= C_2\theta_2[u \leftarrow D_1\theta_1]$ [mit (**)]

(8) $C_2\theta_2$

$= C_2\theta_2[u \leftarrow C_1\theta_1]$ [mit (3), Lemma 2.7(1c)]

$= C_2\theta_2[u \leftarrow D_1\theta_1][u \leftarrow C_1\theta_1]$ [Lemma 2.7(3)]

$= C_2\theta_2'[u \leftarrow C_1\theta_1]$ [mit (7)]

Wegen $B = A[z \leftarrow D_1\theta_1]$ [mit (1)]

$= A[y \cdot u \leftarrow D_1\theta_1]$ [mit (*)]

$= A[y \leftarrow A/y[u \leftarrow D_1\theta_1]]$ [Lemma 2.7(1b)]

$= A[y \leftarrow C_2\theta_2[u \leftarrow D_1\theta_1]]$ [mit (2)]

$= A[y \leftarrow C_2\theta_2']$ [mit (7)]

gilt schließlich

(9) $B/y = C_2\theta_2'$

Angenommen, T besitzt nicht die outer-Eigenschaft. Dann gibt es ein x anc y, so daß $x \in red(B)$ und $x \notin red(A)$. $x \in red(B)$ impliziert, daß für eine bestimmte Regel $C_3 \longrightarrow D_3 \in R$ und eine (Σ,V)-Substitution θ_3 gilt:

(10) $B/x = C_3\theta_3$

Nach Vor. gilt $y \in red(A)$. Aus x anc y und $x \notin red(A)$ folgt x $anc_{\neq}$ y. Sei also o.B.d.A.

(□) $y = x \cdot r$ mit $r \in \mathbb{N}^+$. Mit (9),(10):

(11) $C_2\theta_2' = B/y = B/x \cdot r = (B/x)/r = C_3\theta_3/r$

Da T nichtüberlappend ist, gibt es wegen $x \neq ()$ und (11) ein $w_3 \in dom_V(C_3)$, so daß

(□□) $r = w_3 \cdot v_3$. Sei $C_3/w_3 = X_3 \in V$. Dann gilt

(12) $C_2\theta_2' = (C_3\theta_3/w_3)/v_3$ [mit (11),(□□), Lemma 2.7(4a)]

(13) $X_3 \leftarrow C_3\theta_3/w_3 \in \theta_3$ [mit (12), $C_2 \notin V$, Lemma 3.5]

Direkt aus (13):

(14a) $func(C_3\theta_3/w_3) \subseteq range(X_3)$

(14b) $\forall Z \in var(C_3\theta_3/w_3) : range(Z) \subseteq range(X_3)$

Da $func(C_3\theta_3/w_3) \subseteq range(X_3)$

$\Longleftrightarrow func(C_3\theta_3/w_3[v_3 \leftarrow C_2\theta_2']) \subseteq range(X_3)$ [(12), Lemma 2.7(1c)]

$\Longleftrightarrow func(C_3\theta_3/w_3[v_3 \leftarrow C_2\theta_2'[u \leftarrow D_1\theta_1]]) \subseteq range(X_3)$ [(7), Lemma 2.7(1c)]

$\Longleftrightarrow func(C_3\theta_3/w_3[v_3 \leftarrow C_2\theta_2'][v_3 \cdot u \leftarrow D_1\theta_1]) \subseteq range(X_3)$ [Lemma 2.7(1b)]

$\Longrightarrow func(C_3\theta_3/w_3[v_3 \leftarrow C_2\theta_2'][v_3 \cdot u \leftarrow C_1\theta_1]) \subseteq range(X_3)$ [Co-Regularität]

$\Longleftrightarrow func(C_3\theta_3/w_3[v_3 \leftarrow C_2\theta_2'[u \leftarrow C_1\theta_1]]) \subseteq range(X_3)$ [Lemma 2.7(1b)]

$\Longleftrightarrow func(C_3\theta_3/w_3[v_3 \leftarrow C_2\theta_2]) \subseteq range(X_3)$ [mit (8)]

und analog

$\forall Z \in var(C_3\theta_3/w_3) : range(Z) \subseteq range(X_3)$

$\Longleftrightarrow \forall Z \in var(C_3\theta_3/w_3[v_3 \leftarrow C_2\theta_2'][v_3 \cdot u \leftarrow D_1\theta_1]) : range(Z) \subseteq range(X_3)$

$\Longrightarrow \forall Z \in var(C_3\theta_3/w_3[v_3 \leftarrow C_2\theta_2'][v_3 \cdot u \leftarrow C_1\theta_1]) : range(Z) \subseteq range(X_3)$ [Co-Regularität]

$\Longleftrightarrow \forall Z \in var(C_3\theta_3/w_3[v_3 \leftarrow C_2\theta_2]) : range(Z) \subseteq range(X_3)$

folgt aus (14a),(14b) und (13), daß

$$\theta_3' = \begin{cases} (\theta_3 - \{X_3 \leftarrow C_3\theta_3/w_3\}) \cup \{X_3 \leftarrow C_3\theta_3/w_3[v_3 \leftarrow C_2\theta_2]\}, & \text{falls } X_3 \neq C_3\theta_3/w_3[v_3 \leftarrow C_2\theta_2] \\ \theta_3 - \{X_3 \leftarrow C_3\theta_3/w_3\} & \text{, sonst} \end{cases}$$

eine (Σ,V)-Substitution ist. Es gilt dann

(15) $C_3\theta_3'$

$= C_3\theta_3[w_3 \leftarrow C_3\theta_3/w_3[v_3 \leftarrow C_2\theta_2]]$ [$C_3/w_3 = X_3$, Def. θ_3', Linkslinearität]

$= C_3\theta_3[w_3 \leftarrow C_3\theta_3/w_3][w_3 \cdot v_3 \leftarrow C_2\theta_2]$ [Lemma 2.7(1b)]

$= C_3\theta_3[r \leftarrow C_2\theta_2]$ [Lemma 2.7(1c),(□□)]

(16) $C_3\theta_3$

$= C_3\theta_3[r \leftarrow C_2\theta_2']$ [(11), Lemma 2.7(1c)]

$= C_3\theta_3[r \leftarrow C_2\theta_2][r \leftarrow C_2\theta_2']$ [Lemma 2.7(3)]

$= C_3\theta_3'[r \leftarrow C_2\theta_2']$ [mit (15)]

Mit A/x

$= B[z\leftarrow C_1\theta_1]/x$ [(1), Lemma 2.7(3)]

$= B[x\cdot r\cdot u\leftarrow C_1\theta_1]/x$ [(*),(□)]

$= B/x[r\cdot u\leftarrow C_1\theta_1]$ [Lemma 2.7(4b)]

$= C_3\theta_3[r\cdot u\leftarrow C_1\theta_1]$ [(10)]

$= C_3\theta_3'[r\leftarrow C_2\theta_2'][r\cdot u\leftarrow C_1\theta_1]$ [(16)]

$= C_3\theta_3'[r\leftarrow C_2\theta_2'[u\leftarrow C_1\theta_1]]$ [Lemma 2.7(1b)]

$= C_3\theta_3'[r\leftarrow C_2\theta_2]$ [(8)]

$= C_3\theta_3'$ [(15), Lemma 2.7(1c)]

folgt dann ein Widerspruch zur Annahme, wonach $x \in red(A)$ gilt. Q.E.D.

Korollar 3.37

Sei T linkslinear, nichtüberlappend, regulär und co-regulär. Dann ist T^* auf Grundtermen outer.

Beweis:

direkt aus Lemma 3.36, Lemma 3.29 und Korollar 3.30(b). □

Theorem 3.38

Sei T = (Σ,D,V,R) linkslinear, eindeutig, nichtüberlappend, regulär und co-regulär. Dann ist die "parallel outermost"-Strategie terminierend, d.h. für jeden (Σ,V)-Term A findet die "parallel outermost"-Strategie die Normalform nf(A), sofern sie existiert.

Beweis:

Hilfssatz

Sei $A_0^{\#} \xrightarrow[M_0]{} A_1^{\#} \xrightarrow[M_1]{} A_2^{\#} \ldots A_i^{\#} \ldots$ $(i\geq 0)$ die (nicht notwendigerweise unendliche) Reduktionsfolge, die die "parallel outermost"-Strategie bei Eingabe von T^* und $A_0^{\#}$ erzeugt. Dann erzeugt sie bei Eingabe von T und A_0 die Reduktionsfolge $A_0 \xrightarrow[M_0]{} A_1 \xrightarrow[M_1]{} A_2 \ldots A_i \ldots$

Beweis: analog zu Theorem 3.35 □

Sei A ein (Σ,V)-Term, so daß nf(A) existiert. Dann existiert nach Lemma 3.29 auch $nf(A^{\#})$, und die "parallel outermost"-Strategie erzeugt bei Eingabe von T^* und $A^{\#}$ nach Satz 3.33, Korollar 3.37 und Theorem 3.28 eine Reduktionsfolge $A^{\#} = A_0^{\#} \xrightarrow[M_0]{} A_1^{\#} \xrightarrow[M_1]{} A_2^{\#} \ldots A_i^{\#} = nf(A^{\#})$. Da $nf(A^{\#}) = nf(A)^{\#}$, folgt mit dem obigen Hilfssatz die Beh. □

3.3 Partiell geordnete Sorten und überladene Operatoren

In Go78b und Gg86 wird der Ansatz verfolgt, Einschränkungen von Variablenbereichen über eine partielle Ordnung auf den Sorten zu beschreiben. Die Termbildung berücksichtigt die Sortenstruktur insofern, als daß an allen Stellen, wo bisher Argumente einer bestimmten Sorte erwartet wurden, nun auch Terme kleinerer Sorten zugelassen sind. Dementsprechend dürfen auch Variablen durch Terme kleinerer Sorten substituiert werden.

Beispiel 3.8

Das ≤-Prädikat auf den ganzen Zahlen läßt sich bequem spezifizieren, wenn man explizit zwischen positiven und negativen ganzen Zahlen unterscheidet. Die Inklusionen auf den Datenbereichen werden durch eine partielle Ordnung auf den Sorten beschrieben.

```
int4
SORTS:      bool, null, pos, neg, int
            null < pos < int
            null < neg < int
OPNS:       true: ---> bool
            false: ---> bool
            zero: ---> null
            succ: pos ---> pos
            pred: neg ---> neg
            _≤_: int × int ---> bool
VARS:       P1, P2: pos
            N1, N2: neg
RULES:      zero ≤ P1 ---> true
            succ(P1) ≤ zero ---> false
            pred(N1) ≤ P1 ---> true
            P1 ≤ pred(N1) ---> false
            pred(N1) ≤ pred(N2) ---> N1 ≤ N2
            succ(P1) ≤ succ(P2) ---> P1 ≤ P2                ***
```

Die Termbildung auf partiell geordneten Sorten kann auf die gewöhnliche Termbildung zurückgeführt werden, indem man die Signatur so erweitert, daß für jedes Funktionssymbol $f: s_1 \times \ldots \times s_n \longrightarrow s$ die Argumentsorten $s_1, \ldots, s_n$ zu Untersorten und die Zielsorte s in eine Obersorte konvertiert werden. Die Signaturerweiterung erfolgt im Einklang mit der Idee, die partielle Ordnung auf den Sorten als Inklusion auf den korrespondierenden Trägermengen zu interpretieren. Ausgehend von der Signatur in int4, ist die erweiterte Signatur wie folgt gegeben:

SORTS:	bool, null, pos, neg, int
	null < pos < int
	null < neg < int
OPNS:	true: ⟶ bool
	false: ⟶ bool
	zero: ⟶ null
	zero: ⟶ pos
	zero: ⟶ neg
	zero: ⟶ int
	succ: pos ⟶ pos
	succ: pos ⟶ int
	succ: null ⟶ pos
	succ: null ⟶ int
	pred: neg ⟶ neg
	pred: neg ⟶ int
	pred: null ⟶ neg
	pred: null ⟶ int
	_≤_: int × int ⟶ bool
	_≤_: int × neg ⟶ bool
	_≤_: int × pos ⟶ bool
	_≤_: int × null ⟶ bool
	_≤_: neg × int ⟶ bool
	_≤_: pos × int ⟶ bool
	_≤_: null × int ⟶ bool
	_≤_: pos × pos ⟶ bool
	_≤_: pos × null ⟶ bool
	_≤_: null × pos ⟶ bool
	_≤_: neg × neg ⟶ bool
	_≤_: neg × null ⟶ bool
	_≤_: null × neg ⟶ bool
	_≤_: null × null ⟶ bool

Die erweiterte Signatur besitzt nicht länger die Eigenschaft, daß die Familie der Funktionssymbole paarweise disjunkt ist, d.h. $F_{w,s} \cap F_{w',s'} \neq \emptyset$. Die Tatsache, daß es zu einem Funktionssymbol verschiedene Deklarationen gibt, wird als Überladen von Operatoren ("Overloading") bezeichnet.

In Wa88 wird durch den Termbegriff implizit vorausgesetzt, daß nur die erweiterte Signatur überladene Operatoren enthält, nicht jedoch die Basis-Signatur. Diese Situation trifft auf int4 zu und bewirkt dort, daß es keine Terme zur Sorte int gibt, in denen die Funktionssymbole 'succ' und 'pred' gemeinsam vorkommen. Die volle Mächtigkeit des Overloading entfaltet sich erst, wenn bereits in der Basis-Signatur ein Überladen der

Operatoren zugelassen ist [Go78b, Gg86]. Das allgemeine Overloading-Konzept ist z.B. mächtig genug, die Zerlegung der ganzen Zahlen in einen positiven und einen negativen Bereich so zu spezifizieren, daß gleichzeitig Terme erzeugt werden, in denen die Symbole 'succ' und 'pred' gemischt auftreten:

SORTS:	null, pos, neg, int
	null < pos < int
	null < neg < int
OPNS:	zero: $\longrightarrow$ null
	succ: pos $\longrightarrow$ pos
	succ: int $\longrightarrow$ int
	pred: neg $\longrightarrow$ neg
	pred: int $\longrightarrow$ int

Wa88 untersucht die Unifikation von Termen auf partiell geordneten Sorten. Die Ergebnisse basieren sämtlich auf der Annahme, daß die Basis-Signatur keine überladenen Operatoren zuläßt, und sind nicht auf einen allgemeineren Overloading-Begriff übertragbar. Denn die Unifikation ist für partiell geordnete Sorten und beliebig überladene Operatoren bisher nicht geklärt; sie ist definitiv sogar unentscheidbar, wenn zu den partiellen Sorten und überladenen Operatoren noch Deklarationen hinzukommen, um Terme in Untersorten zu konvertieren [Sch87]. Die folgenden Ausführungen setzen deshalb implizit die Annahme von Walther voraus.

Wie schon im Fall eingeschränkter Variablen, so existieren auch für partiell geordnete Sortenmengen i.a. keine allgemeinsten Unifikatoren. Die Existenz allgemeinster Unifikatoren geht verloren, weil für Variablen, deren Sorten nicht vergleichbar sind, Hilfsvariablen eingeführt werden müssen, um die Unifikation zu ermöglichen. Die Einführung der Hilfsvariablen wird in Wa88 als "weakening" bezeichnet. Während die Definition des Bereichsteilers (vgl. Def. 3.1) für je zwei Variablen die Existenz eines Infimums garantiert, erlaubt Walther auch solche Ordnungen auf den Sorten, die keine verbandsähnliche Struktur bilden. Die Sortenstrukturen werden in Wa88 danach klassfiziert, ob sie allgemeinste Unifikatoren, kleinste Unifikatoren oder minimale und vollständige Mengen von Unifikatoren zulassen, und ob diese Mengen endlich oder unendlich sind.

Je zwei unifizierbare Terme haben genau dann einen allgemeinsten Unifikator, wenn die partielle Ordnung auf den Sorten eine Waldstruktur bildet, d.h., wenn $s_1 \geq s_3 \leq s_2$ die Vergleichbarkeit der Sorten s_1 und s_2 impliziert. Wann immer die Ordnung auf den Sorten keine Waldstruktur definiert, lassen sich Variablen X, Y finden, zu deren Unifikation Hilfsvariablen eingeführt werden müssen. Die Einführung einer einzigen Hilfsvariablen reicht dabei genau dann, wenn die partielle Ordnung auf den Sorten für sort(X) und sort(Y) ein Infimum besitzt. Andernfalls sind mehrere Hilfsvariablen auszuwählen, um sämtliche Unifikatoren von X und Y zu repräsentieren. Die letzte Beoabachtung führt auf den Begriff der vollständigen und minimalen Menge von Unifikatoren.

Beispiel

Gegeben sei die folgenden Deklaration von Sorten und Variablen.

SORTS:	s1, s2, s3, s4, s5
	s5 < s3, s3 < s1, s3 < s2, s5 < s4, s4 < s1, s4 < s2
OPNS:	
VARS:	X: s1
	Y: s2

Die Struktur auf den Sorten läßt sich übersichtlich in Form eines Hasse-Diagramms darstellen:

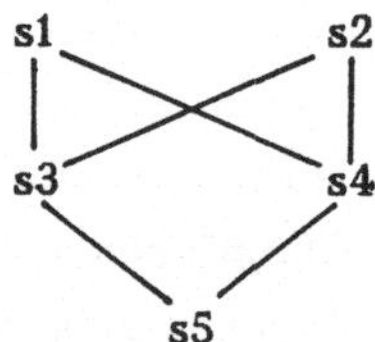

Da die Sorten s2, s2 unvergleichbar sind, erfordert die Unifikation der Variablen X,Y die Einführung von Hilfsvariablen U: s3 und W: s4; eine Hilfsvariable Z: s5 wird nicht benötigt, weil ihre Sorte bereits von U und W subsumiert wird. Mit Hilfe der Menge $\{\sigma_1,\sigma_2\}$ von Substitutionen $\sigma_2 = \{X \leftarrow U, Y \leftarrow U\}$ und $\sigma_2 = \{X \leftarrow W, Y \leftarrow W\}$ lassen sich alle Unifikatoren von X,Y darstellen (Vollständigkeit); dabei kann keine der beiden Substitutionen σ_1, σ_2 fortgelassen werden, ohne daß die Vollständigkeit verlorengeht (Minimalität). ***

Vollständige und minimale Mengen von Unifikatoren existieren immer dann, wenn die Struktur auf den Sorten der "maximalen Sortenbedingung" genügt. Die maximale Sortenbedingung besagt, daß jede untere Schranke einer endlichen Teilmenge von Sorten von einer maximalen unteren Schranke subsumiert wird. Unter der Annahme, daß die maximale Sortenbedingung erfüllt ist, sind vollständige und minimale Mengen von Unifikatoren

- einelementig ("schwächster Unifikator"), wenn je zwei Sorten eine größte untere Schranke (Infimum) besitzen.
- endlich, wenn jede endliche Teilmenge von Sorten eine endlich Anzahl maximaler unterer Schranken hat. Dies gilt immer, wenn die Menge aller Sorten endlich ist.
- unendlich, wenn für eine endliche Teilmenge von Sorten die Menge der maximalen unteren Schranken unendlich ist.

Das Verfahren zur Berechnung vollständiger und minimaler Mengen von Unifikatoren kann im wesentlichen auf den Unifikationsalgorithmus von Robinson [Ro65] zurückgeführt werden. Die Grundidee ist, die Unifikation zunächst ohne Rücksicht auf die partiell geordneten Sorten durchzuführen. Obwohl der so berechnete "allgemeinste Unifikator" σ i.a. keine gültige Substitution ist, so gibt er doch an, welche Variablen zu identifizieren sind. Um Letzteres zu präzisieren, wird die Menge der Terme mit Hilfe von σ in Äquivalenzklassen zerlegt. Dabei sind zwei Terme A, B genau dann äquivalent, wenn $A\sigma = B\sigma$ gilt. Für jede Äquivalenzklasse $M \subseteq V$, die keine kleinste Sorte besitzt, sind bei der Unifikation soviele Hilfsvariablen einzuführen, wie es maximale untere Schranken für $\{sort(X) | X \in M\}$ gibt. Unter der Annahme, daß die maximale Sortenbedingung gilt, berechnet der folgende Unifikationsalgorithmus bei Eingabe zweier Terme A_1, A_2 eine vollständige und minimale Menge von Unifikatoren bzw. entscheidet, daß A_1 und A_2 nicht unifizierbar sind.

Schritt1: Lasse die partielle Ordnung auf den Sorten unberücksichtigt, und berechne mit Hilfe des Unifikationsalgorithmus von Robinson einen allgemeinsten Unifikator σ von A_1 und A_2. Falls dieser nicht existiert, terminiere ohne Erfolg. Andernfalls gilt $DOM(\sigma) \subseteq var(A_1) \cup var(A_2)$.

Schritt2: Wann immer es in σ ein Element $X \leftarrow A$ gibt, so daß $sort(X) \ngeq sort(Y)$ und $A \in V$, terminiere ebenfalls ohne Erfolg.

Schritt3: Definiere eine Äquivalenzrelation $\equiv$ auf $T_{\Sigma,V}$, so daß $A \equiv B$ gdw. $A\sigma = B\sigma$, und setze $Äq = \{ M \in T_{\Sigma,V}/\equiv \mid M \subseteq V \wedge |M| > 1 \}$. Für jede Äquivalenzklasse $M \in Äq$ bezeichne $sort(M) = \{sort(X) | X \in M\}$ die Menge der Sorten zu M.

Schritt4: Sei o.B.d.A. $Äq = \{M_1, \ldots, M_n\}$ für bestimmte, endliche $M_1, \ldots, M_n \subseteq V$. Für $i = 1, \ldots, n$ definiere

(1) Teilmengen $V_i \in V$, so daß $M_i \subseteq V_i$ und $V_i \cap V_j = \emptyset$ für $i \neq j$.

(2) injektive Funktionen w_i: $max(lbs(sort(M_i))) \longrightarrow V_i$, so daß $sort(w_i(s)) = s$ und $w_i(s) \in M_i \Longleftrightarrow s \in sort(M_i)$.

(3) Mengen von Substitutionen $W_i = \{\varphi_i^s \in SUB_{\Sigma,V} | s \in max(lbs(sort(M_i)))\}$ mit $\varphi_i^s = \{X \leftarrow w_i(s) | X \in M_i \wedge X \neq w_i(s)\}$.

Schritt5: Die Menge $cmu(A_1,A_2) = \{\sigma\varphi_1\varphi_2 \ldots \varphi_n | \varphi_i \in W_i, 1 \leq i \leq n\}$ ist eine vollständige und minimale Menge von Unifikatoren für A_1 und A_2.

Das Konzept der partiell geordneten Sorten ist eng verwandt mit dem Konzept der eingeschränkten Variablen aus Abschnitt 3.1 ff. Um den Zusammenhang zu präzisieren, ist anzugeben, wie beliebige Variablenbereiche auf partiell geordnete Sorten abzubilden sind. Die Grundidee hierbei ist, die verbandsähnliche Struktur, die ein Bereichsteiler auf den Termen etabliert, durch eine partielle Ordnung auf den Sorten zu beschreiben. Damit jede Sorte genau die Terme umfaßt wie der Variablenbereich, zu dem sie korrespondiert, müssen Operatoren überladen werden.

Beispiel

Um die Situation nicht unnötig zu komplizieren, beschränken wir uns auf den einsortiger Fall. Gegeben sei also die folgende Deklaration eingeschränkter Variablen:

SORTS:	s
OPNS:	a: ⟶ s
	b: ⟶ s
	c: ⟶ s
	f: s ⟶ s
VARS:	U: s
	X: s {a,b,f}
	Y: s {b,c,f}
	Z: s {b,f}

Für jeden eingeschränkten Variablenbereich wird eine eigene Untersorte eingeführt; die partielle Ordnung auf den Sorten wird so definiert, daß sie die Inklusionen auf den Variablenbereichen respektiert:

	{a,b,c,f}	↦	s
	{a,b,f}	↦	s1
	{b,c,f}	↦	s2
	{b,f}	↦	s3
mit	s3 < s1 < s		
	s3 < s2 < s		

Die Funktionssymbole sind so zu deklarieren, daß jede Sorte genau die Terme aufbaut, die auch der korrespondierende Variablenbereich erlaubt. Ein Überladen der Operatoren kann dabei i.a. nicht vermieden werden. Für das obige Beispiel endet die Transformation mit der folgenden Signatur und Variablendeklaration.

SORTS:	s, s1, s2, s3
	s3 < s1 < s
	s3 < s2 < s
OPNS:	a: ⟶ s1
	b: ⟶ s3
	c: ⟶ s2
	f: s3 ⟶ s3
	f: s2 ⟶ s2
	f: s1 ⟶ s1
	f: s ⟶ s
VARS:	U: s, X: s1, Y: s2, Z: s3

***

Der Unifikationsalgorithmus von Walther [Wa88] bildet die Grundlage, um kritische Paare zu berechnen und die bekannten Kriterien für die Konfluenz auf TESe mit partiell geordneten Sorten zu übertragen. Allerdings ist der Ansatz von Walther eng an die Annahme gebunden, daß in der Basis-Signatur keine überladenen Operatoren auftreten, und von daher nicht mächtig genug, das Konzept der eingeschränkten Variablen zu subsumieren. Erst wenn man neben partiell geordneten Sorten auch beliebig überladene Operatoren zuläßt, erhält man ein Konzept, welches ausdrucksmächtiger ist als das der eingeschränkten Variablen (vgl. obiges Beispiel). Für dieses mächtigere Konzept ist jedoch die Unifikation von Termen nicht geklärt; sie ist definitiv sogar unentscheidbar, wenn zu den partiellen Sorten und überladenen Operatoren noch Deklarationen hinzukommen, um Ober– in Unterterme zu konvertieren [Sch87]. Folglich sind auch kritische Paare nicht mehr berechenbar, und die bekannten Kriterien für die Konfluenz lassen sich nicht mehr syntaktisch überprüfen. GJM85 verfolgt deshalb den Ansatz, Konversionsfunktionen einzuführen, um Spezifikationen mit geordneten Sorten und überladenen Operatoren in GTESe zu transformieren.

3.4 Anwendung auf die algebraische Spezifikation von Fehlern und Ausnahmen

Die Methode der algebraischen Spezifikation beruht auf der Beobachtung, daß Datentypen Algebren sind. Als adäquates Instrument zur Beschreibung von Algebren werden allquantifizierte Gleichungen verwendet, die den Effekt der Operationen abstrakt, d.h. unabhängig von einer konkreten Repräsentation der Daten spezifizieren ("abstrakter Datentyp"). Die Hinzunahme weiterer Sprachkonstrukte ermöglicht die spezielle Behandlung von Fehlern und Ausnahmen [Go78a, GDLE84] sowie die Spezifikation von Untersorten und überladenen Operatoren [Go78b, Gg86]. Die Idee eines strukturierten Entwurfs wird besonders durch die Konzepte der Implementierung und Parametrisierung [TTW82, Eh82, EKMP82, EKTWW81] unterstützt, die die grundlegenden Prinzipien der schrittweisen Verfeinerung und der Modularisierung für abstrakte Datentypen präzisieren. Eine exakte, mathematische Semantik aller Konzepte bildet schließlich die Grundlage für einen formalen Korrektheitsbegriff.

Bei der semantische Fundierung algebraischer Spezifikationen unterscheidet man im wesentlichen drei Ansätze: initiale Algebra-Semantik [GTW76], terminale Algebra-Semantik [Wa79, HRa80] und Verhaltenssemantik [HRe83, ST85]. Der initiale Ansatz nimmt insofern eine Sonderstellung ein, weil er die Operationalisierung algebraischer Spezifikationen effektiv unterstützt. Zu diesem Zweck werden Gleichungen von links nach rechts interpretiert und wie Ersetzungsregeln behandelt. Die Korrektheit des Verfahrens basiert auf einer Charakterisierung, wonach die Auswertung von Termen in der initialen Algebra äquivalent zu der Berechnung von Normalformen ist - vorausgesetzt, die gerichtete Interpretation der Gleichungen ist terminierend und konfluent. Die Theorie der TESe kann dann als Werkzeug dienen, algebraische Spezfikationen auf ihre Ausführbarkeit zu überprüfen.

Unter den Standard-Datentypen imperativer Programmiersprachen finden sich zahlreiche, realistische Situationen, die eine spezielle Behandlung von Fehlern und Ausnahmen erfordern (Unterlauf-, Überlauf-Situationen, Zugriff auf undefinierte Feldelemente, Division durch Null, usw.). Um den Aspekt der Fehlerbehandlung in abstrakten Datentypen adäquat beschreiben zu können, wird der Begriff der algebraischen Spezifikation in GDLE84 um zwei Ausdrucksmittel erweitert:

- die syntaktische Klassifikation der Operationen in solche, die Fehler einführen, und solche, die ok-Werte erhalten.
- die Einführung zweier Typen von Variablen: einen nur für ok-Werte, den anderen für ok- und Fehler-Werte gleichermaßen.

Die obigen Instrumente sind zusammen mit dem Konzept der Gleichungen mächtig genug, um alle Formen der Fehlerbehandlung (d.h. Einführung, Fortpflanzung und Beseitigung von Fehlern) zu spezifizieren. Zugleich bleiben grundlegende Eigenschaften algebraischer Spezifikationen bewahrt, wie etwa die Existenz initialer Algebren oder die Verträglichkeit von operationaler und algebraischer Semantik. Der Übergang zu TESen mit eingeschränkten Variablen ist erforderlich, um die Besonderheiten von ok- und unsicheren Variablen zu berücksichtigen und Fehlerspezifikationen auf Termination und Konfluenz zu überprüfen.

Wir fassen zunächst die wesentlichen Ergebnisse aus GDLE84 zusammen. Das Haupttheorem besagt, daß die deklarative und die operationale Semantik einer Fehlerspezifikation übereinstimmen, falls deren Reduktionsrelation terminierend und konfluent ist. Auf der Grundlage des Kompatibilitätstheorems werden anschließend die Resultate über TESe mit eingeschränkten Variablen angewandt, um die Operationalisierbarkeit von Fehlerspezifikationen syntaktisch zu überprüfen.

Definition 3.28
Eine *Signatur mit ok-Prädikat* ist ein Tripel $\Sigma' = (S,F,ok_F)$, wobei (S,F) eine Signatur ist und ok_F: F ⟶ BOOL eine Abbildung, die jedem Funktionssymbol einen boolschen Wert zuordnet.

Notation
Zu einer Signatur mit ok-Prädikat $\Sigma' = (S,F,ok_F)$ bezeichnet Σ die konventionelle Signatur (S,F). Σ' wird im folgenden ebenfalls einfach Signatur genannt.

Das Prädikat ok_F klassifiziert jedes Funktionssymbol $f \in F$ entweder als ok-Wert erhaltend ($ok_F(f)$ = TRUE) oder als fehlereinführend bzw. unsicher ($ok_F(f)$ = FALSE). In dem üblichen Notationsschema für Signaturen werden unsichere Funktionssymbole durch das Attribut "unsafe" gekennzeichnet; alle anderen Funktionssymbole sind implizit vom Typ "ok".

Beispiel 3.9
Gegeben sei die Menge der natürlichen Zahlen. Während Nachfolger-Funktion, Addition und Multiplikation ok-Werte erhalten, führt die Subtraktion einen Fehler ein, falls der Subtrahend größer ist als der Minuend.

SORTS:	nat
OPNS:	zero: ⟶ nat
	succ: nat ⟶ nat
	add: nat × nat ⟶ nat
	sub: nat × nat ⟶ nat (unsafe)
	mult: nat × nat ⟶ nat

***

Die syntaktische Beschreibung von Funktionen in Form einer Signatur Σ' wird semantisch durch den Begriff der Σ'-Algebren respektiert.

Definition 3.29

Sei $\Sigma' = (S,F,ok_F)$ eine Signatur. Eine Σ'-*Algebra* A besteht aus

(1) einer S-sortierten Menge $S_A = (s_A)_{s\in S}$,... dem Träger von A

(2) einer F-indizierten Familie von Funktionen $F_A = (f_A)_{f\in F}$, die für jedes Funktionssymbol $f\in F_{s1\ldots sn,s}$ eine Funktion f_A: $s1_A \times \ldots \times sn_A \longrightarrow s_A$ enthält.

(3) einer S-indizierten Familie $ok_A = (ok_{A,s})_{s\in S}$ von Prädikaten $ok_{A,s}: s_A \longrightarrow BOOL$

so daß

(4) für alle $f\in F_{s1\ldots sn,s}$ und $(a_1,\ldots,a_n) \in s1_A \times \ldots \times sn_A$ gilt:
$[ok_{A,s1}(a_1) \wedge \ldots \wedge ok_{A,sn}(a_n) \wedge ok_F(f)] \Longrightarrow ok_{A,s}(f_A(a_1,\ldots,a_n))$

Für jedes $s\in S$ zerlegt das Prädikat $ok_{A,s}$ die Trägermenge s_A in zwei disjunkte Teilmengen, einen ok-Anteil $s_{A,ok}$ und einen Fehleranteil $s_{A,err}$:

$$s_{A,ok} = \{a\in s_A \mid ok_{A,s}(a) = TRUE\}$$
$$s_{A,err} = \{a\in s_A \mid ok_{A,s}(a) = FALSE\}$$

Punkt (4) gewährleistet dann, daß alle Terme, die nur Funktionssymbole vom Typ ok enthalten, in jeder Σ'-Algebra zu ok-Elementen ausgewertet werden.

Definition 3.30

Zu einer Signatur $\Sigma' = (S,F,ok_F)$ ist die *Termalgebra* $T_{\Sigma'}$ wie folgt definiert:

(i) $s_{T_{\Sigma'}} = T_{\Sigma,s}$ für alle $s\in S$

(ii) $f_{T_{\Sigma'}}(A_1,\ldots,A_n) = f(A_1,\ldots,A_n)$
für alle $f\in F_{s1\ldots sn,s}$, $A_i\in T_{\Sigma,si}$ $(i=1,\ldots,n)$

(iii) $ok_{T_{\Sigma'},s}(A) = \begin{cases} TRUE, & \text{falls } ok_F(f) = TRUE \text{ für alle } f\in func(A) \\ FALSE, & \text{sonst} \end{cases}$
für alle $s\in S$, $A\in T_{\Sigma,s}$

Die Auswertung von Termen in einer beliebigen Σ'-Algebra A definiert einen Morphismus von der Termalgebra $T_{\Sigma'}$ nach A. Da die Termalgebra operationserzeugt ist (alle Elemente des Trägers sind über zusammengesetzte Funktionsaufrufe erreichbar), kann es außer der Interpretationsfunktion keinen anderen Morphismus von $T_{\Sigma'}$ nach A geben. $T_{\Sigma'}$ ist damit (bis auf Isomorphie) eindeutig als initiale Σ'-Algebra charakterisiert.

Definition 3.31

Seien $A = (S_A,F_A,ok_A)$ und $B = (S_B,F_B,ok_B)$ Σ'-Algebren. Ein Σ'-*Algebra-Morphismus* $h: A \longrightarrow B$ ist eine S-indizierte Familie von Abbildungen $h = (h_s: s_A \longrightarrow s_B)_{s\in S}$ mit den folgenden Eigenschaften:

(1) $h_s(f_A(a_1,\ldots,a_n)) = f_B(h_{s1}(a_1),\ldots,h_{sn}(a_n))$
für alle $f\in F_{s1\ldots sn,s}$, $a_i\in si_A$ $(i=1,\ldots,n)$

(2) $ok_{A,s}(a) \Longrightarrow ok_{B,s}(h_s(a))$
für alle $s\in S$, $a\in s_A$

Punkt (1) gewährleistet, daß Algebra-Morphismen die Träger strukturerhaltend abbilden; Punkt (2) besagt, daß die ok-Eigenschaft für Elemente erhalten bleibt.
Ein Algebra-Morphismus h: A $\longrightarrow$ B ist ein *Isomorphismus*, wenn alle Abbildungen h_s: $s_A \longrightarrow s_B$ ($s \in S$) bijektiv sind und die Partitionierung der Trägermengen in ok- und Fehler-Anteil berücksichtigen, d.h. $ok_{A,s}(a) = ok_{B,s}(h_s(a))$ für alle $s \in S$.

Theorem 3.39 [GDLE84]
Die Termalgebra $T_{\Sigma'}$ ist initial in der Klasse aller Σ'-Algebren, D.h. zu jeder Σ'-Algebra A existiert ein eindeutiger Morphismus h: $T_{\Sigma'} \longrightarrow$ A.

Der Morphismus h: $T_{\Sigma'} \longrightarrow$ A wird *Interpretationsfunktion* genannt und ist explizit dadurch festgelegt, daß alle formalen Funktionssymbole $f \in F$ durch die korrespondierenden Funktionen f_A ersetzt werden.

Signaturen als Syntax und Termalgebren als Semantik reichen konzeptionell nicht aus, um Datentypen adäquat zu spezifizieren. Ursache ist in allen Fällen, daß es nicht möglich ist, Eigenschaften von Operationen auszudrücken und zu fordern. Die Methode der algebraischen Spezifikation verfolgt die Idee, Eigenschaften von Algebren mit Hilfe von Gleichungsaxiomen zu beschreiben. Letztere werden über einer Signatur und einer Menge von Variablen gebildet. Gemäß der Klassifikation der Funktionssymbole gibt es in GDLE84 für jede Sorte zwei Typen von Variablen: ok-Variablen als Platzhalter für ok-Werte und unsichere Variablen zur Aufnahme beliebiger Datenelemente.

Definition 3.32
Sei eine Signatur $\Sigma' = (S,F,ok_F)$ gegeben. Eine *Menge von Variablen* (mit ok-Prädikat) ist ein Paar $V' = (V,ok_V)$, wobei

(1) $V = (V_s)_{s \in S}$ eine S-indizierte Familie disjunkter Mengen von Variablen ist, die mit F kein Element gemeinsam hat.

(2) ok_V: V $\longrightarrow$ BOOL eine Abbildung ist, die jeder Variablen einen Wahrheitswert zuordnet.

Eine Variable $X \in V$ heißt genau dann unsicher, wenn $ok_V(X)$ = FALSE ist. In dem üblichen Notationsschema für Spezifikationen werden unsichere Variablen durch die Extension "unsafe" gekennzeichnet; alle Variablen, die nicht unsicher sind, werden automatisch als ok-Variablen angenommen.

Definition 3.33
Sei $\Sigma' = (S,F,ok_F)$ eine Signatur, $V' = (V,ok_V)$ eine Menge von Variablen und A eine Σ'-Algebra. Eine *Wertzuweisung* val: V' $\longrightarrow$ A ist eine S-indizierte Familie val = $(val_s)_{s \in S}$ von Abbildungen val_s: $V_s \longrightarrow s_A$, so daß für alle $s \in S$ und $X \in V_s$ gilt: $ok_V(X) \Longrightarrow ok_{A,s}(val_s(X))$.

Definition 3.34

Sei $\Sigma' = (S,F,ok_F)$ eine Signatur und $V' = (V,ok_V)$ eine Menge von Variablen. Die Σ'-*Termalgebra mit Variablen* in V' wird mit $T_{\Sigma'}(V')$ bezeichnet und ist wie folgt gegeben:

(i) $s_{T_{\Sigma'}(V')} = T_{\Sigma,V,s}$ für alle $s \in S$

(ii) $f_{T_{\Sigma'}(V')}(A_1,\dots,A_n) = f(A_1,\dots,A_n)$
für alle $f \in F_{s1\dots sn,s}$, $A_i \in T_{\Sigma,V,si}$ $(i=1,\dots,n)$

(iii)
$$ok_{T_{\Sigma'}(V'),s}(A) = \begin{cases} \text{TRUE}, \text{ falls } ok_F(f) = \text{TRUE} & \text{für alle } f \in func(A) \\ \quad \text{und } ok_V(X) = \text{TRUE} & \text{für alle } X \in var(A) \\ \text{FALSE}, \text{ sonst} \end{cases}$$
für alle $s \in S$, $A \in T_{\Sigma,V,s}$

Die Auswertung von Grundtermen in Σ'-Algebren läßt sich direkt auf Terme mit Variablen fortsetzen, wenn man nicht nur die formalen Funktionssymbole durch die aktuellen Funktionen ersetzt, sondern auch die Variablen mit aktuellen Werten belegt. Ähnlich wie bei Termalgebren sind die Interpretationen als eindeutige Algebra-Morphismen charakterisiert.

Theorem 3.40 [GDLE84]

Sei $\Sigma' = (S,F,ok_F)$ eine Signatur und $V' = (V,ok_V)$ eine Menge von Variablen. Zu jeder Σ'-Algebra A und jeder Wertzuweisung val: $V' \longrightarrow A$ existiert genau ein Σ'-Morphismus val^*: $T_{\Sigma'}(V') \longrightarrow A$, so daß $val_s{}^*(X) = val_s(X)$ für alle $X \in V_s$ und $s \in S$.
Explizit ist val^* definiert durch:

(i) $val_s^*(X) = val_s(X)$ für alle $X \in V_s$, $s \in S$

(ii) $val_s^*(f(A_1,\dots,A_n)) = f_A(val_{s1}^*(A_1),\dots,val_{sn}^*(A_n))$
für alle $f \in F_{s1\dots sn,s}$, $A_i \in T_{\Sigma,V,si}$ $(i=1,\dots,n)$

Definition 3.35

Sei $\Sigma' = (S,F,ok_F)$ eine Signatur und $V' = (V,ok_V)$ eine Menge von Variablen.

1. Eine Σ'-*Gleichung* B=C zur Sorte s über V' ist ein Paar von Termen $B,C \in T_{\Sigma,V,s}$, so daß $B \notin V$ und $var(C) \subseteq var(B)$.
2. Eine Σ'-Algebra A *erfüllt eine Gleichung* B=C zur Sorte s (i.Z. $A \models B=C$) genau dann, wenn für alle Wertzuweisungen val: $V' \longrightarrow A$ gilt: $val_s^*(B) = val_s^*(C)$
3. Eine Σ'-Algebra A *erfüllt eine Menge von Gleichungen* $E = (E_s)_{s \in S} \subseteq (T_{\Sigma,V,s} \times T_{\Sigma,V,s})_{s \in S}$ (i.Z. $A \models E$), genau dann, wenn $A \models e$ für alle $e \in E$ gilt.

Eine Algebra erfüllt eine Gleichung genau dann, wenn die Interpretation der linken und rechten Seite für alle Variablenbelegungen gleich ist. Dies bedeutet in der Terminologie der Logik, daß die Gleichungen über den gesamten Variablenvorrat allquantifiziert sind.

Die globale Quantifizierung stimmt mit einer lokalen Quantifizierung der Gleichungen überein, wenn jede Variable durch mindestens einen Grundterm substituiert werden kann. Die Grundterm-Eigenschaft ist notwendig und hinreichend zugleich, damit alle Variablen in allen Algebren über nicht-leere Datenmengen variieren.

Definition 3.36

Eine *Spezifikation* (Σ',V',E) besteht aus einer Signatur mit ok-Prädikat Σ', einer Menge von Variablen V' und einer Menge von Gleichungen E über Σ' und V'.

Definition 3.37

Eine Spezifikation (Σ',V',E) ist *wohlgeformt*, wenn es eine Wertzuweisung val: $V' \longrightarrow T_{\Sigma'}$ gibt.

Die Semantik einer Spezifikation (Σ',V',E) basiert auf der Konstruktion, ausgehend von der Termalgebra $T_{\Sigma'}$ alle Grundterme zu identifizieren, die aufgrund der Gleichungen in E denselben Wert repräsentieren. Formal wird die Termalgebra nach der kleinsten Kongruenz faktorisiert, die die (konstanten Ausprägungen der) Gleichungen in E enthält. Das Resultat der Faktorisierung, die sog. Quotiententermalgebra, ist initial in der Klasse aller Σ'-Algebren, die die Gleichungen E erfüllen.

Definition 3.38

Sei $\Sigma' = (S,F,ok_F)$ eine Signatur und A eine Σ'-Algebra. Eine Relationenfamilie $\equiv\, = (\equiv_s)_{s\in S} \subseteq (s_A \times s_A)_{s\in S}$ ist eine *Kongruenz* auf A, falls gilt:

(1) alle $\equiv_s$ sind Äquivalenzrelationen $(s \in S)$

(2) $\equiv$ ist mit den Operationen von A verträglich: $a_i \equiv_{si} b_i$ $(i=1,\ldots,n)$ impliziert $f_A(a_1,\ldots,a_n) \equiv_s f_A(b_1,\ldots,b_n)$ für alle $f\in F_{s1\ldots sn,s}$

Definition 3.39

Sei $\Sigma' = (S,F,ok_F)$ eine Signatur, A eine Σ'-Algebra und $\equiv\, = (\equiv_s)_{s\in S}$ eine Kongruenz auf A. Die *Quotientenalgebra* $A/\equiv$ ist als Σ'-Algebra wie folgt definiert:

(1) $s_{A/\equiv} = s_A/\equiv_s$ für alle $s\in S$

(2) $f_{A/\equiv}([a_1],\ldots,[a_n]) = [f_A(a_1,\ldots,a_n)]$ für alle $f\in F_{s1\ldots sn,s}$, $a_i\in si_A$ $(i=1,\ldots,n)$

(3) $ok_{A/\equiv,s}([a]) = \begin{cases} \text{TRUE}, & \text{falls } \exists b\in[a]: ok_{A,s}(b) = \text{TRUE} \\ \text{FALSE}, & \text{sonst} \end{cases}$

für alle $s\in S$, $a\in s_A$

Definition 3.40

Sei $\Sigma' = (S,F,ok_F)$ eine Signatur, V' eine Menge von Variablen und $E = (E_s)_{s\in S}$ eine Menge von Gleichungen über Σ' und V'.

1. Die Menge $E(T_{\Sigma'})$ der von E *erzeugten konstanten Gleichungen* ist eine S-sortierte, binäre Relation mit
$E(T_{\Sigma'})_s = \{val_s^*(A) = val_s^*(B) \mid A=B\in E_s,\ val: V \longrightarrow T_{\Sigma'} \text{ Wertzuweisung}\}$
2. $\equiv_E = (\equiv_{E,s})_{s\in S}$ bezeichnet die kleinste Kongruenz auf $T_{\Sigma'}$, die $E(T_{\Sigma'})$ enthält.

Theorem 3.41 [GDLE84]

Sei $\Sigma' = (S,F,ok_F)$ eine Signatur und $E = (E_s)_{s\in S}$ eine Menge von Gleichungen über Σ' und V'. Die *Quotiententermalgebra* $T_{\Sigma'}/\equiv_E$ ist initial in der Klasse aller Σ'-Algebren, die E erfüllen. D.h. zu jeder Σ'-Algebra A mit $A\models E$ gibt es einen eindeutigen Morphismus $T_{\Sigma'}/\equiv_E \longrightarrow A$.

Die obige Charakterisierung legt nahe, die Quotiententermalgebra (bzw. deren Isomorphieklasse) als Standardsemantik einer Spezifikation anzusehen. Ein wesentlicher Vorteil des initialen Ansatzes ist, daß er die Operationalisierung algebraischer Spezifikationen effektiv unterstützt. Die operationale Semantik basiert auf der Idee, die konstanten Gleichungen in $E(T_{\Sigma'})$ als Ersetzungsregeln zu behandeln, um Grundterme durch "gezielte" Umformungen in ihre Normalform zu überführen. Der entstehende Reduktionsprozeß ist dadurch gekennzeichnet, daß er Herleitungen des Gleichungskalküls erzeugt, in denen die Symmetrie-Regel überhaupt nicht und die Transitivitäts-Regel nur am Schluß angewandt wird. Die Termreduktion ist somit eine konsistente Inferenzregel für (konstante) Gleichungen; sie ist zugleich vollständig unter der Voraussetzung, daß die Regelmenge $E(T_{\Sigma'})$ terminierend und konfluent ist. Ein direkter Test auf Konfluenz und Termination ist jedoch nicht möglich, weil $E(T_{\Sigma'})$ i.a. unendlich ist. Aus diesem Grund wird jede Spezifikation SPEC = (Σ',V',E) in ein endliches TES mit beschränkten Variablen $T_{SPEC} = (\Sigma',D,\overline{V},E)$ übersetzt. Wesentlich bei der Konstruktion ist, daß für T_{SPEC} gilt: $\overset{E}{\longmapsto} = \overset{E(T_{\Sigma'})}{\longmapsto}$

Definition 3.41

Gegeben sei eine Spezifikation SPEC = (Σ',V',E) mit $\Sigma' = (S,F,ok_F)$ und $V' = (V,ok_V)$. Das von SPEC *induzierte Termersetzungssystem* T_{SPEC} besteht aus

(1) der Signatur $\Sigma = (S,F)$

(2) dem Bereichsteiler $D = \{F, \{f\in F \mid ok_F(f)\}\}$

(3) einer Deklaration von Variablen $\overline{V} = (\overline{V}_{d,s})_{d\in D,s\in S}$, wobei für jedes $X\in V_s (s\in S)$ gilt:

$$X\in \begin{cases} \overline{V}_{\{f\in F \mid ok_F(f)\},s} & \text{, falls } ok_V(X) = \text{TRUE} \\ \overline{V}_{F,s} & \text{, sonst} \end{cases}$$

(4) der Menge von Regeln E

Definition 3.42

Gegeben sei eine Spezifikation SPEC = (Σ',V',E), so daß T_{SPEC} auf Grundtermen terminierend und konfluent ist. Sei $\Sigma' = (S,F,ok_F)$. Dann ist die *Normalform-Algebra* NF zu SPEC definiert durch

(1) $s_{NF} = NF_{\stackrel{E}{\longmapsto},s} := \{A \in NF_{\stackrel{E}{\longmapsto}} \mid sort(A) = s\}$ für alle $s \in S$

(2) $f_{NF}(A_1,\ldots,A_n) = nf_{\stackrel{E}{\longmapsto}}(f(A_1,\ldots,A_n))$
für alle $f \in F_{s1\ldots sn,s}$, $A_i \in NF_{\stackrel{E}{\longmapsto},si}$ $(i=1,\ldots,n)$

(3) $$ok_{NF,s}(A) = \begin{cases} TRUE, & \text{falls } \exists B \in T_\Sigma : B \stackrel{E}{\longmapsto}^* A \wedge ok_{T_{\Sigma'}}(B) = TRUE \\ FALSE, & \text{sonst} \end{cases}$$
für alle $s \in S$

Theorem 3.42 [GDLE84]

Sei SPEC = (Σ',V',E) eine Spezifikation, so daß T_{SPEC} auf Grundtermen konfluent und terminierend ist. Falls SPEC wohlgeformt ist, sind die Quotiententermalgebra $T_{\Sigma'}/{\equiv_E}$ und die Normalformalgebra NF isomorph.

Die in Theorem 3.42 formulierte Verträglichkeit von algebraischer und operationaler Semantik bildet die Grundlage für die automatische Interpretation algebraischer Spezifikationen ("Prototyp-Generierung"). Neben der syntaktischen Analyse bestehen die Hauptaufgaben eines *Prototyp-Generators* darin, bei Eingabe einer Spezifikation

(a) deren Ausführbarkeit zu überprüfen,

(b) Terme in ihre Normalform zu überführen,

(c) zu entscheiden, ob Normalformen ok-Werte oder Fehler repräsentieren ("ok-Problem").

Punkt (a) beinhaltet, die Isomorphie der Quotiententermalgebra und der Normalformalgebra nachzuweisen. Hierzu liefern die Konfluenz- und Terminationskriterien für TESe mit eingeschränkten Variablen hinreichende, syntaktische Bedingungen.

In Punkt (b) lassen sich die Ergebnisse über die Termination von Reduktionsstrategien anwenden, um Normalformen effizient zu berechnen. Die eigentliche Termreduktion kann entweder von einem Interpreter für TESe oder mit Hilfe automatisch generierter Programme (vgl. Kap. 4) ausgeführt werden.

Punkt (c) beinhaltet die Aufgabe, zu einer gegebenen Normalform alle in ihr endenden Reduktionen zurückzuverfolgen. Ein solches Vorgehen scheitert jedoch i.a. aus zwei Gründen:

- Wann immer eine Regel A ⟶ B in umgekehrter Richtung anzuwenden ist, entsteht das Problem, die in A, aber nicht in B vorkommenden Variablen frei zu substituieren. Hierzu gibt es unendlich viele Möglichkeiten, weil die Menge der Terme i.a. nicht endlich ist.
- Selbst dann, wenn var(A) = var(B) für alle Regeln A ⟶ B gilt, gibt es kein geeignetes Kriterium, welches nach endlich vielen "Rückwärts"-Reduktionen den Algorithmus mit der korrekten Antwort terminieren läßt (Theorem 3.43).

Entscheidbar ist das ok-Problem aber für die Teilklasse von Spezifikationen, deren Gleichungen, von links nach rechts interpretiert, ok-Terme erhalten. Eine wohlgeformte Spezifikation ist wiederum genau dann ok-Term-erhaltend, wenn das von ihr induzierte TES regulär ist. Das ok-Problem erweist sich damit insofern als "harmlos", als daß mit der Regularität von TESen ein Entscheidbarkeitskriterium bereitsteht, das bereits in Punkt (a) benötigt wird, um die Ausführbarkeit von Spezifikationen anhand der Kriterien aus Kap. 3 zu überprüfen.

Theorem 3.43

Das ok-Problem ist unentscheidbar, d.h. es gibt keinen Algorithmus, der für jede endliche, wohlgeformte Spezifikation SPEC = (Σ',V',E), deren Normalformalgebra NF existiert, bei Eingabe von $A \in NF_{\underset{\mapsto}{E}}$ entscheidet, ob $ok_{NF}(A)$ gilt oder nicht.

Beweis:

Die Unentscheidbarkeit des ok-Problems wird auf die Unentscheidbarkeit des Mitgliedschaftsproblems für Church-Rosser Thue-Systeme zurückgeführt:

Sei Ω ein (endliches) Alphabet. Die Menge der Wörter über Ω wird mit Ω^* notiert; $|x|$ bezeichnet die Länge eines Wortes $x \in \Omega^*$.

Ein *Thue-System* τ über Ω ist eine Teilmenge von $\Omega^* \times \Omega^*$. Die von τ erzeugte *Thue-Kongruenz* ist der reflexive und transitive Abschluß $\overset{\tau}{\leftrightarrow}{}^*$ der Relation $\overset{\tau}{\leftrightarrow}$, die definiert ist durch $w \overset{\tau}{\leftrightarrow} z :\Longleftrightarrow \exists x,y \in \Omega^*, (u,v) \in \tau: [(w=xuy \wedge z=xvy) \vee (w=xvy \wedge z=xuy)]$

Die *Thue-Reduktion* zu τ ist der reflexive und transitive Abschluß $\overset{\tau}{\longrightarrow}{}^*$ der Relation $\overset{\tau}{\longrightarrow}$, wobei: $w \overset{\tau}{\longrightarrow} z :\Longleftrightarrow w \overset{\tau}{\leftrightarrow} z \wedge |w|>|z|$

Ein Thue-System τ ist *Church-Rosser*, wenn gilt: $w \overset{\tau}{\leftrightarrow}{}^* z \Longleftrightarrow \exists x: w \overset{\tau}{\longrightarrow}{}^* x \wedge z \overset{\tau}{\longrightarrow}{}^* x$

Sei τ ein Thue-System über Ω und $\Gamma \subseteq \Omega^*$. Das *Mitgliedschaftsproblem* für Γ und τ besteht darin, für jede Eingabe $x \in \Omega^*$ zu entscheiden, ob $x \in \{w \in \Omega^* \mid \exists u \in \Gamma^*: u \overset{\tau}{\leftrightarrow}{}^* w\}$ gilt oder nicht.

Theorem [Ot84]

Es gibt ein (endliches) Church-Rosser Thue-System $\tau \subseteq \Omega^* \times \Omega^*$ und eine endliche Teilmenge $\Gamma \subseteq \Omega^*$, so daß das Mitgliedschaftsproblem für Γ und τ unentscheidbar ist.

Sei τ ein endliches Church-Rosser Thue-System über einem endlichen Alphabet Ω. Dann gilt:

(1) $\xrightarrow{\tau}$ ist konfluent.

Bew.: Sei $u \longrightarrow^* w$ und $u \longrightarrow^* v$. Wegen $\longrightarrow \subseteq \longleftrightarrow$ gilt insbesondere $u \longleftrightarrow^* w$ und $v \longleftrightarrow^* w$. Mit der Symmetrie und Transitivität von $\longleftrightarrow^*$ folgt $u \longleftrightarrow^* w$. Da τ nach Vor. Church-Rosser ist, gibt es ein z, so daß $u \longrightarrow^* z \;{}^*\!\longleftarrow w$. □

(2) $\xrightarrow{\tau}$ ist noethersch.

Bew.: $w \longrightarrow z$ impliziert $|w|>|z|$ □

(3) $u \overset{\tau}{\longleftrightarrow}{}^* v \iff u \xrightarrow{\tau}{}^* nf(v)$

Bew.: "$\Longrightarrow$": Sei $u \longleftrightarrow^* v$. Da τ Church-Rosser ist, gibt es ein z, so daß $u \longrightarrow^* z$ und $v \longrightarrow^* z$. Mit (1), (2) und Korollar 2.4 folgt dann $u \longrightarrow^* nf(v)$

"$\Longleftarrow$": mit $\longrightarrow^* \subseteq \longleftrightarrow^*$ und der Transitivität von $\longleftrightarrow^*$ □

Überführe $\tau \subseteq \Omega^* \times \Omega^*$ in eine wohlgeformte Spezifikation SPEC1 = ($\Sigma 1'$,V1',E1):

$\Sigma 1'$	SORTS:	symbol, string	
	OPNS:	a: $\longrightarrow$ symbol (unsafe)	für alle $a \in \Omega$
		ε: $\longrightarrow$ string (unsafe)	
		$\_\cdot\_$: symbol × string $\longrightarrow$ string (unsafe)	
V1'	VARS:	X: string (unsafe)	
E1'	EQNS:	$a_1 \cdot \ldots \cdot a_n \cdot X = b_1 \cdot \ldots \cdot b_m \cdot X$	für alle $(a_1 \ldots a_n, b_1 \ldots b_m) \in \tau$ mit $n>m$
		$b_1 \cdot \ldots \cdot b_m \cdot X = a_1 \cdot \ldots \cdot a_n \cdot X$	für alle $(a_1 \ldots a_n, b_1 \ldots b_m) \in \tau$ mit $n<m$

Dann gilt $c_1 \ldots c_i \xrightarrow{\tau}{}^* d_1 \ldots d_j$ gdw. $c_1 \cdot \ldots \cdot c_i \cdot \varepsilon \overset{E1}{\longmapsto}{}^* d_1 \cdot \ldots \cdot d_j \cdot \varepsilon$, so daß mit (1), (2) folgt:

(4) T_{SPEC1} ist auf Grundtermen noethersch und konfluent.

Sei Γ eine endliche Teilmenge von Ω^*. Erweitere SPEC1 zu einer wohlgeformten Spezifikation SPEC2 = ($\Sigma 2'$,V2',E2) mit

$\Sigma 2' = \Sigma 1'$ +	SORTS:		
	OPNS:	"$a_1 \ldots a_n$": $\longrightarrow$ string	für alle $a_1 \ldots a_n \in \Gamma$
		cat: string × string $\longrightarrow$ string	
V2' = V1' +	VARS:	Y: string (unsafe)	
		Z: symbol (unsafe)	
E2 = E1 +	EQNS:	"$a_1 \ldots a_n$" = $a_1 \cdot \ldots \cdot a_n \cdot \varepsilon$	für alle $a_1 \ldots a_n \in \Gamma$
		cat(ε,X) = X	
		cat(Z·X,Y) = Z·cat(X,Y)	

Nach (4) und der Konstruktion von SPEC2 ist T_{SPEC2} auf Grundtermen noethersch und konfluent. Folglich ist die Normalformalgebra NF von SPEC2 wohldefiniert, und es gilt:

(5) $NF_{\overset{E2}{\longmapsto},string} = \{a_1 \cdot \ldots \cdot a_n \cdot \varepsilon \mid a_1 \ldots a_n \in NF_{\overset{\tau}{\longrightarrow}}\}$

(6) $ok_{NF,string}(a_1 \cdot \ldots \cdot a_n \cdot \varepsilon) \iff \exists w \in \Gamma^*: w \overset{\tau}{\longrightarrow}{}^* a_1 \ldots a_n$ für alle $a_1 \ldots a_n \in NF_{\overset{\tau}{\longrightarrow}}$

Wegen (3), (5), (6) ist das ok-Problem für SPEC2 genau dann entscheidbar, wenn das Mitgliedschaftsproblem für Γ entscheidbar ist. Da das Mitgliedschaftsproblem für Church-Rosser Thue-Systeme aber unentscheidbar ist, folgt die Beh. Q.E.D.

Definition 3.43

Eine Spezifikation SPEC = (Σ',V',E) heißt *ok-Term-erhaltend*, falls für alle A=B in E($T_{\Sigma'}$) gilt: $ok_{T_{\Sigma'}}(A) \Longrightarrow ok_{T_{\Sigma'}}(B)$.

Lemma 3.44

Eine wohlgeformte Spezifikation SPEC ist genau dann ok-Term-erhaltend, wenn T_{SPEC} regulär ist.

Beweis:

"$\Longrightarrow$": Sei A=B$\in$E. Da SPEC ok-Term-erhaltend ist, gilt $ok_{T_{\Sigma'}}(val^*(A)) \Longrightarrow ok_{T_{\Sigma'}}(val^*(B))$ für jede Wertzuweisung val: V' $\longrightarrow T_{\Sigma'}$. Folglich,

(1) $func(val^*(A)) \subseteq \{f \in F \mid ok_F(f)\} \Longrightarrow func(val^*(B)) \subseteq \{f \in F \mid ok_F(f)\}$

Da val: V' $\longrightarrow T_{\Sigma'}$ wegen der Wohlgeformtheit existiert, folgt mit var(B) $\subseteq$ var(A):

(2) $func(A) \subseteq \{f \in F \mid ok_F(f)\} \Longrightarrow func(B) \subseteq \{f \in F \mid ok_F(f)\}$

Nach Konstruktion und (2) ist T_{SPEC} regulär.

"$\Longleftarrow$": Angenommen, SPEC ist nicht ok-Term-erhaltend. Dann gibt es eine Gleichung A = B$\in$E und eine Wertzuweisung val: V' $\longrightarrow T_{\Sigma'}$, so daß $\neg\, ok_{T_{\Sigma'}}(val^*(A))$ und $ok_{T_{\Sigma'}}(val^*(B))$. M.a.W.,

(3) $func(val^*(A)) \not\subseteq \{f \in F \mid ok_F(f)\}$ und $func(val^*(B)) \subseteq \{f \in F \mid ok_F(f)\}$

Da var(B) $\subseteq$ var(A), folgt weiter:

(4) $func(A) \not\subseteq \{f \in F \mid ok_F(f)\}$ und $func(B) \subseteq \{f \in F \mid ok_F(f)\}$

Nach Konstruktion und (4) ist T_{SPEC} nicht regulär. □

Theorem 3.45

Das ok-Problem ist für die Klasse der ok-Term-erhaltenden Spezifikationen entscheidbar.

Beweis:

Sei SPEC = (Σ',V',E) eine ok-Term-erhaltende Spezifikation, deren Normalformalgebra NF existiert. Sei B $\overset{E}{\longmapsto}$ C. Dann gibt es eine Regel G $\longrightarrow$ H$\in$E, eine Substitution θ und eine Adresse x$\in$dom(B), so daß B/x = Gθ und C = B[x$\leftarrow$Hθ]. Da var(H) $\subseteq$ var(G) und

T_{SPEC} nach Lemma 3.44 regulär ist, gilt: func(GΘ) $\subseteq$ {f$\in$F| ok_F(f)} $\Longrightarrow$ func(HΘ) $\subseteq$ {f$\in$F| ok_F(f)} und folglich auch

(1) func(B) $\subseteq$ {f$\in$F| ok_F(f)} $\Longrightarrow$ func(C) $\subseteq$ {f$\in$F| ok_F(f)}

Sei B' $\overset{E}{\longmapsto}{}^*$ C'. Dann folgt aus (1) durch vollständige Induktion über die Anzahl der Reduktionsschritte

(2) func(B') $\subseteq$ {f$\in$F| ok_F(f)} $\Longrightarrow$ func(C') $\subseteq$ {f$\in$F| ok_F(f)}

Nach (2) gilt für jede $\overset{E}{\longmapsto}$-Normalform A: ok_{NF}(A) = $ok_{T_{\Sigma'}}$(A). □

Die folgenden Beispiele demonstrieren, wie die Ergebnisse über TESe mit eingeschränkten Variablen benutzt werden können, um für wohlgeformte Spezifikationen die Wohldefiniertheit ihrer operationalen Semantik zu überprüfen.

Beispiel 3.10: Die natürlichen Zahlen

Ausgehend von der syntaktischen Beschreibung in Beispiel 3.8, werden im folgenden die natürlichen Zahlen mit den darauf definierten Operationen der Addition, Subtraktion und Multiplikation spezifiziert. Aufgebaut werden die natürlichen Zahlen durch sukzessive Anwendung der Nachfolgerfunktion auf die Null. Eine explizite (Fehler-)Konstante wird eingeführt, um die Fortpflanzung von Fehlern zu beschreiben.

<u>nat3</u>

SORTS:		nat
OPNS:		zero: ⟶ nat
		succ: nat ⟶ nat
		add: nat × nat ⟶ nat
		sub: nat × nat ⟶ nat (unsafe)
		mult: nat × nat ⟶ nat
		negative: ⟶ nat (unsafe)
VARS:		M,N: nat
		U: nat (unsafe)
EQNS:	(N1)	add(zero,N) = N
	(N2)	add(succ(N),M) = succ(add(N,M))
	(N3)	sub(zero,succ(N)) = negative
	(N4)	sub(N,zero) = N
	(N5)	sub(succ(N),succ(M)) = sub(N,M)
	(N6)	mult(zero,N) = zero
	(N7)	mult(succ(N),M) = add(mult(N,M),M)
	(N8)	succ(negative) = negative
	(N9)	add(U,negative) = negative
	(N10)	add(negative,U) = negative
	(N11)	sub(U,negative) = negative

(N12) sub(negative,U) = negative

(N13) mult(U,negative) = negative

(N14) mult(negative,U) = negative

(N9,N10), (N11,N12) und (N13,N14) sind die einzigen Konstellationen, in denen sich die linken Seiten der obigen Gleichungen kritisch überlappen; alle Überlappungen bestimmen dasselbe kritische Paar (negative,negative). Theorem 3.17 und Korollar 3.22 gewährleisten dann unabhängig voneinander, daß das von nat2 induzierte TES auf Grundtermen konfluent ist.

Beispiel 3.11: Listen natürlicher Zahlen

Listen sind endliche, nicht-leere Elementfolgen, auf die über die FIFO-Operationen (in, out, first), die Konkatenation (cat) und den Konstruktor new zum Erzeugen einelementiger Listen zugegriffen wird. Die nachfolgenden Gleichungen sind so beschaffen, daß die Normalformen Listen beliebiger Länge als fortgesetzte Konkatenation einelementiger Listen beschreiben.

queue		
SORTS:		nat, queue
OPNS:		zero: ⟶ nat
		succ: nat ⟶ nat
		erruat: ⟶ nat (unsafe)
		new: nat ⟶ queue
		cat: queue × queue ⟶ queue
		in: queue × nat ⟶ queue
		out: queue ⟶ queue (unsafe)
		first: queue ⟶ nat (unsafe)
		errq: ⟶ queue (unsafe)
VARS:		Q1,Q2,Q3: queue
		Q: queue (unsafe)
		N1: nat
		N: nat (unsafe)
EQNS:	(Qu1)	cat(cat(Q1,Q2),Q3) = cat(Q1,cat(Q2,Q3))
	(Qu2)	in(Q1,N1) = cat(Q1,new(N1))
	(Qu3)	out(new(N1)) = errq
	(Qu4)	out(cat(new(N1),Q1)) = Q1
	(Qu5)	first(new(N1)) = N1
	(Qu6)	first(cat(new(N1),Q1)) = N1
	(Qu7)	succ(erruat) = erruat

(Qu8)	new(erruat) = errq
(Qu9)	cat(errq,Q) = errq
(Qu10)	cat(Q,errq) = errq
(Qu11)	in(Q,erruat) = errq
(Qu12)	in(errq,N) = errq
(Qu13)	out(errq) = errq
(Qu14)	first(errq) = erruat

Da T_{queue} noethersch ist, genügt es nach Theorem 3.17 zu zeigen, daß alle (signifikanten) kritischen Paare konvergieren.

Überlappungen	kritische Paare
Qu1, (1), Qu1	[cat(cat(Q1,cat(Q2,Q3)),Q4) , cat(cat(Q1,Q2),cat(Q3,Q4))]
Qu9, (), Qu10 Qu10, (), Qu9 Qu11, (), Qu12 Qu12, (), Qu11	[errq,errq]

Da die neu eingeführte Variable Q4 vom Typ ok ist, gilt:

$$
\begin{array}{c}
\text{cat(cat(Q1,cat(Q2,Q3)),Q4)} \\
\downarrow \text{Qu1} \\
\text{cat(Q1,cat(cat(Q2,Q3),Q4))} \\
\downarrow \text{Qu1} \\
\text{cat(Q1,cat(Q2,cat(Q3,Q4)))} \\
\uparrow \text{Qu1} \\
\text{cat(cat(Q1,Q2),cat(Q3,Q4))}
\end{array}
$$

4. Übersetzung von Termersetzungssystemen in PROLOG-Programme

Auf dem Gebiet der abstrakten Programmierung respektive der abstrakten Spezifikation von Programmen und Datentypen gibt es zwei grundlegende Ansätze, die semantisch jeweils durch eine präzise, mathematische Logik abgesichert sind und die im folgenden als funktional bzw. relational bezeichnet werden.

Der funktionale Ansatz, der den Bereich der funktionalen Programmierung und der algebraischen Spezifikation einschließt, basiert auf einer Logik, die neben einem festen, als Gleichheit interpretierten Prädikat nur Funktionssymbole zuläßt. Die Bedeutung der Funktionen wird durch rekursive Gleichungen spezifiziert, ihre Auswertung erfolgt durch Untertermersetzung im Rahmen des Gleichungskalküls.

Der relationale Ansatz umfaßt den Bereich der logischen Programmierung und basiert auf einer Teilmenge der Prädikatenlogik 1. Stufe. Neben den Funktionssymbolen, die ausschließlich der Repräsentation von Daten dienen, sind Prädikatensymbole vorgesehen, um Relationen über den Datenmengen zu spezifizieren. Die Bedeutung der Prädikate wird durch spezielle abgeschlossene Formeln, sog. definite Horn-Klauseln, festgelegt; die Auswertung erfolgt nach einem auf dem Resolutionsprinzip beruhenden Inferenzverfahren.

Um die Querbezüge zwischen dem funktionalen und dem relationalen Ansatz zu klären, wird im folgenden untersucht, wie die Untertermersetzung im Kontext der logischen Programmierung ausgeführt werden kann. Die entwickelten Verfahren sind geeignet, TESe direkt in ausführbare PROLOG-Programme zu übersetzen. Neben der eigentlichen Übersetzung steht besonders der Nachweis ihrer Korrektheit im Vordergrund.

4.1 Logische Programmierung

Die Grundzüge der logischen Programmierung gehen auf Arbeiten von Kowalski [Ko74] und Colmerauer [CKRP73] zurück und basieren auf der Beobachtung, daß eine bestimmte Teilmenge der Prädikatenlogik 1. Stufe als effizientes Berechnungsmodell aufgefaßt werden kann. Ein Logik-Programm ist formal eine endliche Menge abgeschlossener, prädikatenlogischer Sätze in der Form definiter Horn-Klauseln; die Deduktion logischer Folgerungen aus den Programmen erfolgt mittels SLD-Resolution, einer auf dem Resolutionsprinzip [Ro65] basierenden Inferenzregel für definite Horn-Klauseln. Im Unterschied zu Theorembeweisern, bei denen es um den Nachweis der Allgemeingültigkeit von Formeln geht, interessiert aus Sicht der Programmierung besonders, wie die in einem Programmaufruf enthaltenen Variablen nach Ausführung des Programms gebunden sind. Die Vollständigkeit der SLD-Resolution garantiert, daß alle (im Sinne einer logischen Folgerung) korrekten Antworten herleitbar sind, und gewährleistet somit die Verträglichkeit von deklarativer und prozeduraler Semantik.

Im folgenden werden einige Grundbegriffe und Sprechweisen der mathematischen Logik verwendet, die nicht gesondert erklärt werden; zu deren Einführung sei auf Lehrbücher wie CL73, BN76 und LI84 verwiesen. Um Mißverständnisse zu vermeiden, sei darauf hingewiesen, daß in der Prädikatenlogik Terme und Variablen unsortiert sind und jede Variable durch jeden Term substituiert werden kann. Die Anwendung von Substitutionen ist sowohl für Terme als auch für beliebige quantorenfreie Formeln erklärt.

Definition 4.1
Eine *Klausel* ist eine prädikatenlogische Formel der Form $\forall X_1 \ldots \forall X_m\ (L_1 \vee \ldots \vee L_n)$ $(n,m \in \mathbb{N}_0)$, wobei $L_1,\ldots,L_n$ Literale und $X_1,\ldots,X_m$ die in $L_1 \vee \ldots \vee L_n$ vorkommenden Variablen sind.

Notation
Wegen ihrer besonderen Bedeutung beim maschinellen Beweisen und in der logischen Programmierung wird für Klauseln eine spezielle Notation verwendet. Anstelle von

$$\forall X_1,\ldots,\forall X_m\ (A_1 \vee \ldots \vee A_k \vee \neg B_1 \vee \ldots \vee \neg B_n)$$

notiert man einfach

$$(*) \qquad A_1,\ldots,A_k \longleftarrow B_1,\ldots,B_n$$

Diese Schreibweise ist durch folgende äquivalente Umformung motiviert.

$$\begin{aligned} & \forall X_1 \ldots \forall X_m\ (A_1 \vee \ldots \vee A_k \vee \neg B_1 \vee \ldots \vee \neg B_n) \\ \leftrightarrow\ & \forall X_1 \ldots \forall X_m\ (A_1 \vee \ldots \vee A_k \vee \neg (B_1 \wedge \ldots \wedge B_n)) \\ \leftrightarrow\ & \forall X_1 \ldots \forall X_m\ (A_1 \vee \ldots \vee A_k \longleftarrow B_1 \wedge \ldots \wedge B_n) \end{aligned}$$

Für (*) gilt deshalb folgende Konvention: Die atomaren Formeln der Prämisse sind konjunktiv, die der Konklusion disjunktiv verknüpft; alle vorkommenden Variablen sind allquantifiziert.

Definition 4.2
Eine Klausel $A_1,\ldots,A_k \longleftarrow B_1,\ldots,B_n$ heißt

- *Horn-Klausel,* falls $k \leq 1$
- *definite Horn-Klausel* (oder *Programmklausel),* falls $k=1$; bei Programmklauseln unterscheidet man zwischen Regeln und Fakten, je nachdem, ob $n \geq 1$ oder $n=0$.
- *Zielklausel,* falls $k=0$
- *leere Klausel,* falls $n=0$ und $k=0$; die leere Klausel wird wie üblich mit $\square$ notiert.

Definition 4.3

Ein *Logik-Programm* ist eine endliche Menge von Programmklauseln.

Das Resolutionsverfahren als Grundlage maschinellen Beweisens arbeitet als Widerlegungsprozedur und basiert auf der sog. Klausel-Logik. Wenn C eine Klausel ist und M eine Menge von Klauseln, so ist wegen der Vollständigkeit des Resolutionsprinzips ¬C genau dann logische Folgerung aus M, falls aus M∪{C} durch sukzessive Berechnung von Resolventen die leere Klausel (d.h. ein Widerspruch) herleitbar ist. Im Hinblick auf die logische Programmierung bedeutet dies folgendes: Leitet man aus einem Logik-Programm P und einer Zielklausel $\leftarrow B_1,\ldots,B_n$ (mit Variablen $X_1,\ldots,X_m$) mittels Resolution die leere Klausel her, so ist

$$\exists X_1\ldots\exists X_m\ (B_1 \wedge\ldots\wedge B_n)$$

logische Folgerung aus P; denn

$$\underbrace{\neg\ \forall X_1\ldots\forall X_m\ (\neg\ B_1 \vee\ldots\vee \neg\ B_n)}_{\leftarrow\ B_1,\ldots,B_n}$$

$$\leftrightarrow\quad \neg\ \forall X_1\ldots\forall X_m\ \neg(B_1 \wedge\ldots\wedge B_n)$$

$$\leftrightarrow\quad \neg\neg\ \exists X_1\ldots\exists X_m\ (B_1 \wedge\ldots\wedge B_n)$$

$$\leftrightarrow\quad \exists X_1\ldots\exists X_m\ (B_1 \wedge\ldots\wedge B_n)$$

Vom Standpunkt der Programmierung interessiert dabei besonders, für welche Bindungen der Variablen $X_1,\ldots,X_m$ die Formel $B_1 \wedge\ldots\wedge B_n$ logische Konsequenz aus P ist. Diese Fragestellung führt unmittelbar zur deklarativen Semantik von Logik-Programmen.

Definition 4.4

Sei P ein Logik-Programm, G eine Zielklausel $\leftarrow A_1,\ldots,A_k$ und $\theta = \{X_1\leftarrow T_1,\ldots,X_n\leftarrow T_n\}$ eine Substitution, so daß $X_1,\ldots,X_n$ sämtlich in G vorkommen. θ ist eine *korrekte Antwort* für P∪{G}, falls $\forall(A_1 \wedge\ldots\wedge A_k)\theta$, die Generalisierte von $(A_1 \wedge\ldots\wedge A_k)\theta$, logische Folgerung aus P ist.

Die Menge der korrekten Antworten charakterisiert logisch die Ausgabe eines Programms P für eine Zielklausel G ("deklarative Semantik"). Die eigentliche Auswertung erfolgt nach dem Prinzip der SLD-Resolution, einem linearen Resolutionsverfahren für definite Horn-Klauseln; die berechneten Antworten ergeben sich dabei als Komposition der Substitutionen, die zur Resolventenbildung nötig sind, um G mit Hilfe von P in die leere Klausel zu überführen ("prozedurale Semantik").

Definition 4.5

Bezeichne G_i die Klausel $\leftarrow A_1,\ldots,A_m,\ldots,A_k$, C_{i+1} die Klausel $A \leftarrow B_1,\ldots,B_n$ und sei R eine Berechnungsregel, die aus einer beliebigen Zielklausel ein Atom selektiert. Dann ist G_{i+1} mittels der Substitution θ_{i+1} und der Berechnungsregel R aus G_i und C_{i+1} *hergeleitet,* falls die folgenden Bedingungen gelten:

(1) A_m ist das mit R aus G_i selektierte Atom

(2) θ_{i+1} ist allgemeinster Unifikator von A_m und A

(3) G_{i+1} ist die Klausel $\leftarrow (A_1,\ldots,A_{m-1}, B_1\ldots,B_n, A_{m+1},\ldots,A_k)\theta_{i+1}$

Definition 4.6

Sei P ein Programm, G eine Zielklausel und R eine Berechnungsregel. Eine *SLD-Herleitung* von $P\cup\{G\}$ mittels R besteht aus einer (endlichen oder unendlichen) Folge $G_0=G,G_1,G_2,\ldots$ von Zielklauseln, einer Folge $C_1,C_2,\ldots$ von Programmklauseln in P (bzw. Varianten davon) und einer Folge von Substitutionen $\theta_1,\theta_2,\ldots$, so daß jedes G_{i+1} mittels θ_{i+1} und R aus G_i und C_{i+1} hergeleitet ist.

In der Terminologie der Resolution ist G_{i+1} eine Resolvente von G_i und C_{i+1}. Wie bei der klassischen Resolution müssen zur Berechnung der Resolvente G_{i+1} die Variablen der Elternklauseln G_i und C_{i+1} disjunkt sein (ggf. Bildung von Varianten durch Umbenennen der Variablen). Für die SLD-Resolution ist darüber hinaus zu fordern, daß C_{i+1} keine Variablen enthält, die in der Herleitung bis G_i aufgetreten sind. In diesem Fall, nämlich, ist es möglich, die während einer SLD-Widerlegung berechneten Substitutionen zu einer korrekten Antwort zu komponieren.

Definition 4.7

Eine endliche SLD-Herleitung von $P\cup\{G\}$ mittels R heißt *SLD-Widerlegung* von $P\cup\{G\}$ mittels R, falls die letzte Zielklausel in der SLD-Herleitung die leere Klausel ist.

Definition 4.8

Sei $\theta_1,\ldots,\theta_n$ die Folge von Substitutionen, die zu einer SLD-Widerlegung von $P\cup\{G\}$ mittels R gehört. Dann ist die Einschränkung θ der Komposition $\theta_1\ldots\theta_n$ auf die Variablen in G, d.h. $\theta = \{X\leftarrow T \in \theta_1 \ldots \theta_n \mid X \text{ kommt in G vor}\}$, eine *R-berechnete Antwort* für $P\cup\{G\}$.

Theorem 4.1 (Korrektheit, C179)

Sei P ein Programm, G eine Zielklausel, R eine Berechnungsregel. Dann ist jede R-berechnete Antwort für $P\cup\{G\}$ eine korrekte Antwort.

Theorem 4.2 (Unabhängigkeit von der Berechnungsregel)
Sei P ein Programm, G eine Zielklausel und seien R, R' Berechnungsregeln. Zu jeder SLD-Widerlegung von $P \cup \{G\}$ mittels R gibt es eine SLD-Widerlegung von $P \cup \{G\}$ mittels R', so daß für die berechneten Antworten σ und σ' $G\sigma$ Variante von $G\sigma'$ ist, d.h. $G\sigma$ und $G\sigma'$ sind gleich bis auf Umbenennung der Variablen.

Theorem 4.3 (Vollständigkeit, C179)
Sei P ein Programm, G eine Zielklausel und R eine Berechnungsregel. Zu jeder korrekten Antwort θ für $P \cup \{G\}$ gibt es eine R-berechnete Antwort σ für $P \cup \{G\}$ und eine Substitution λ, so daß $\theta = \sigma\lambda$. Umgekehrt ist jede Komposition $\sigma\lambda$ aus einer R-berechneten Antwort σ und einer Substitution λ eine korrekte Antwort.

Die Prinzipien der logischen Programmierung sind Grundlage für die Semantik (einer Untermenge) der Programmiersprache PROLOG. Syntaktisch sind PROLOG-Programme endliche Folgen definiter Horn-Klauseln; die Semantik eines PROLOG-Programms P ist durch die Strategie bestimmt, nach der der PROLOG-Interpreter zu einer Zielklausel G nach SLD-Widerlegungen für $P \cup \{G\}$ sucht.

Für eine effiziente Implementierung der SLD-Resolution ist es wesentlich, daß sich die Menge der SLD-Herleitungen für $P \cup \{G\}$ bei fester Berechnungsregel R systematisch und kompakt in Form eines SLD-Baumes repräsentieren läßt. Der *SLD-Baum* für $P \cup \{G\}$ mittels R ist wie folgt definiert:

(a) Jeder Knoten des Baumes ist mit einer Zielklausel markiert, für jede Kante des Baumes besteht die Markierung aus einer Substitution und (einer Variante) einer Programmklausel

(b) Die Wurzel des Baumes ist mit G markiert

(c) Sei j ein Knoten des Baumes, $\leftarrow A_1,\ldots,A_m,\ldots,A_k$ $(k \geq 1)$ die Klausel, mit der j markiert ist, und A_m das durch R selektierte Atom. Dann besitzt j einen Nachfolger r(p,j) für jede Programmklausel $p \in P$, für die gilt: $A \leftarrow B_1,\ldots,B_n$ ist eine (geeignete) Variante von p und A, A_m sind unifizierbar mit dem allgemeinsten Unifikator θ. r(p,j) ist dann mit
$$\leftarrow (A_1,\ldots,A_{m-1}, B_1,\ldots,B_n, A_{m+1},\ldots,A_k)\theta$$
und die Kante [j, r(p,j)] mit
$$\theta,\ A \leftarrow B_1,\ldots,B_n$$
markiert.

(d) Knoten, die mit der leeren Klausel markiert sind, sind Blattknoten.

In einem SLD-Baum unterscheidet man *Erfolgszweige* (Zweige, die mit der leeren Klausel enden), *Mißerfolgszweige* (Zweige, die mit einer nicht-leeren Klausel enden) und *unendliche Zweige*; die Erfolgszweige repräsentieren dabei die gesuchten Widerlegungen.

Da die (potentielle) Herleitung von Widersprüchen von bestimmten Berechnungsregeln unabhängig ist, sind SLD-Widerlegungsprozeduren hauptsächlich durch die Strategie charakterisiert, nach welcher sie den SLD-Baum durchsuchen. Die "breadth first"-Strategie, die von der Wurzel aus den SLD-Baum der Breite nach durchsucht, garantiert, daß alle SLD-Widerlegungen für $P \cup \{G\}$ mittels R gefunden werden; natürlich ist, analog zur klassischen Resolution, die Termination nicht gewährleistet. Die "breadth first"-Strategie eignet sich für Anwendungen, wo es primär um das Auffinden der Widersprüche geht und erst in zweiter Linie um eine effiziente Implementierung (vgl. Theorembeweiser). Vom Standpunkt der Programmierung sind die Akzente jedoch anders gesetzt: man ist zumeist nur an einer Lösung interessiert, diese soll aber möglichst effizient berechnet werden. Dieser Maxime folgend, ist die Semantik der Programmiersprache PROLOG in ihren Grundzügen durch die folgenden Punkte bestimmt:

* Der PROLOG-Interpreter durchsucht den SLD-Baum in Präorder ("depth first"-Strategie) bis zum Auffinden des ersten Widerspruches; weitere Widersprüche können optional hergeleitet werden.
  Die "depth first"-Strategie läßt sich mit Hilfe eines Kellers effizient implementieren; der wesentliche Nachteil dieser Strategie ist, daß sie u.U. in einen unendlichen Zweig des SLD-Baumes gerät und keinen Widerspruch herleiten kann, obwohl es einen gibt.
* Da PROLOG Programme als Folgen und nicht als Mengen definiter Horn-Klauseln definiert sind, ist der vom PROLOG-Interpreter durchsuchte SLD-Baum durch folgende Angaben festgelegt:
  a) Die Berechnungsregel für PROLOG selektiert immer das am weitesten links stehende Atom einer Zielklausel
  b) Sei j ein Knoten des SLD-Baumes mit Markierung $\leftarrow A_1, \ldots, A_k$ $(k \geq 1)$ und sei p die n-te Programmklausel aus P, zu der es eine Variante gibt, deren linke Seite mit A_1 unifizierbar ist. Dann ist der n-te Nachfolger von j durch r(p,j) gegeben.

Neben dem eigentlichen Inferenzmechanismus bietet die Programmiersprache PROLOG zahlreiche eingebaute Prädikate an; diese realisieren u.a. die dialog- und dateiorientierte Ein-/Ausgabe und unterstützen bestimmte Funktionen wie etwa die Dekomposition von Atomen bzw. Termen, die Arithmetik auf den ganzen Zahlen, Listenverarbeitung u.v.m. [vgl. CM83]. Auf der anderen Seite sind es gerade einige der eingebauten Prädikate, insbesondere der "cut"-Operator und die Negation, die, da sie nicht innerhalb der Prädikatenlogik erklärt werden können, semantische Probleme mit der Programmiersprache PROLOG aufwerfen: Der "cut"-Operator entfernt Backtrack-Punkte, die der PROLOG-Interpreter zur Realisierung der "depth first"-Strategie setzt, und erzeugt u.U. Ergebnisse, die nicht mehr logische Folgerung des Logik-Programms sind. Die Negation in PROLOG kann nicht im Rahmen der Prädikatenlogik erklärt werden, da Logik-Programme keine Negationen als logische Folgerungen zulassen.

4.2 Die Übersetzung und ihre Korrektheit

Im folgenden wird ein Verfahren beschrieben und verifiziert, mit dem TESe in semantisch äquivalente PROLOG-Programme übersetzt werden. Da einerseits zur Ausführung algebraischer Spezifikationen Gleichungen als Ersetzungsregeln interpretiert werden und andererseits nur die prädikatenlogischen Grundlagen in PROLOG benutzt werden, liefert die Übersetzung einen direkten Zusammenhang zwischen der Programmierung im Gleichungskalkül und der Programmierung im Prädikatenkalkül.

Generalannahme

Aus Gründen der Einfachheit werden alle Variablen als unbeschränkt vorausgesetzt: Ein TES T = (Σ,D,V,E) ist unbeschränkt, wenn D={F} gilt; um den Bereichsteiler nicht nutzlos mitzuführen, wird einfach T = (Σ,V,E) notiert.

Ziel der Übersetzung ist es, aus semantisch wohldefinierten, d.h. konfluenten und terminierenden TESen (Σ,V,E) mechanisch PROLOG-Programme zu erzeugen, die für beliebige (Σ,V)-Terme ihre $\xrightarrow{E}$-Normalform berechnen. Die Probleme bei der Übersetzung ergeben sich aus den unterschiedlichen Mechanismen, die für TESe ("Matching") bzw. PROLOG-Programmme ("Unifikation") angewandt werden, um mit Hilfe der vorliegenden Ersetzungsregeln bzw. Programmklauseln Terme zu reduzieren oder (Teil-)Ziele zu erfüllen:

(1) die Unifikation instantiiert sowohl Variablen des selektierten Teilziels als auch Variablen der zur Erfüllung des Teilziels benutzten Programmklausel; Matching hingegen instantiiert nur Variablen in der zur Reduktion benutzten Ersetzungsregel und keine Variablen in dem zu reduzierenden Term.

(2) die Unifikation vereinheitlicht immer vollständige Ausdrücke, während Matching für beliebige Teilausdrücke möglich ist.

Wegen Punkt (1) werden Variablen in den zu reduzierenden Termen als PROLOG-Konstanten und Variablen in den Ersetzungsregeln von TESen als PROLOG-Variablen aufgefaßt. Wegen Punkt (2) werden Terme erst dann an der Wurzel reduziert, wenn sämtliche Unterterme in Normalform sind; dies garantiert, daß ein Term genau dann in Normalform ist, wenn er nicht mit der linken Seite einer Ersetzungsregel unifizierbar ist. Die Implementierung einer geeigneten Redutionsstrategie resultiert in der Definition dreier Prädikate:

analyse (A,B) $:\Longleftrightarrow$ A $\longrightarrow^*$ B $\wedge$ B$\in$NF

normalize (A,B) $:\Longleftrightarrow$ (A $\underset{()}{\longrightarrow}$ C $\longrightarrow^*$ B $\vee$ A=B)) $\wedge$ B$\in$NF

rule (A,B) $:\Longleftrightarrow$ A $\underset{()}{\longrightarrow}$ B

Entsprechend der Konvention von PROLOG-Implementierungen, nach der Funktions-/Prädikatensymbole und Variablen durch einen führenden Klein- bzw. Großbuchstaben unterschieden werden, wird für die folgende Übersetzungsvorschrift implizit angenommen, daß die Funktionssymbole in TESen mit einem Kleinbuchstaben und die Variablen mit einem Großbuchstaben beginnen.

Definition 4.9

Sei T = (Σ,V,E) ein endliches TES mit Σ = (S,F). Ein PROLOG-Programm P heißt *Übersetzung* von T, wenn es der folgenden Übersetzungsvorschrift genügt:

(1) Zu jedem Funktionssymbol $f \in F_{s1...sn,s}$ $(n \in \mathbb{N}_0)$ gibt es in P eine Klausel der Form
analyse(f(I1,...,In),N) ⟵ analyse(I1,K1),..., analyse(In,Kn),
normalize(f(K1,...,Kn),N)

(2) Zu jeder Variablen U∈V gibt es in P eine Klausel
analyse(u,u) ⟵

(3) Zu jeder Ersetzungsregel (A,B)∈E gibt es in P eine Klausel
rule(A,B) ⟵

(4) Daneben gibt es in P zwei weitere Klauseln, und zwar in der folgenden Reihenfolge:
normalize(X,Y) ⟵ rule(X,Z), analyse(Z,Y)
normalize(X,X) ⟵

(5) P enthält keine anderen Klauseln als die aus (1)-(4).

Beispiel 4.1

Betrachte nat aus Kapitel 3.1. Neben dem nachfolgenden PROLOG-Programm erhält man als Übersetzungen von nat auch alle Permutationen der Klauseln, die den Anforderungen aus (4) genügen.

```
/* Klauseln aus (1) */
analyse(zero,N) ⟵ normalize(zero,N)
analyse(succ(I1),N) ⟵ analyse(I1,K1), normalize(succ(K1),N)
analyse(add(I1,I2),N) ⟵ analyse(I1,K1), analyse(I2,K2),
                         normalize(add(K1,K2),N)
analyse(mult(I1,I2),N) ⟵ analyse(I1,K1), analyse(I2,K2),
                          normalize(mult(K1,K2),N)

/* Klauseln aus (2) */
analyse(m,m) ⟵
analyse(n,n) ⟵
```

```
/* Klauseln aus (3) */
rule(add(zero,N),N) ←
rule(add(succ(N),M),succ(add(N,M ))) ←
rule(mult(zero,N),zero) ←
rule(mult(succ(N),M),add(mult(N,M),M)) ←

/* Klauseln aus (4) */
normalize(X,Y) ← rule(X,Z), analyse(Z,Y)
normalize(X,X) ←
```

Zu gegebener Zielklausel ← analyse (A,N) - A ist Term über der Signatur und den als PROLOG-Konstanten behandelten Variablen von nat, N ist PROLOG-Variable - liefert jede Übersetzung von nat als Antwort $\{N \leftarrow nf(A)\}$ ***

Der Korrektheitsnachweis der obigen Übersetzung von nat ergibt sich als Anwendung der nachfolgenden Resultate, durch die die Übersetzungsvorschrift allgemein verifiziert wird. Es wird sich zeigen, daß für beliebige, wohldefinierte TESe die Korrektheit einer Übersetzung wesentlich von der Reihenfolge der Klauseln abhängt, durch die das 'rule'-Prädikat definiert wird. Grob gesprochen, ist eine Übersetzung P eines TES $T = (\Sigma,V,E)$ nur dann korrekt, wenn die Relation $\overset{r(P)}{\vdash}$ eine noethersche Ordnung auf den (Σ,V)-Termen induziert; dabei reflektiert r(P) die Reihenfolge der übersetzten Ersetzungsregeln in P und $\overset{r(P)}{\vdash}$ notiert die Termersetzungen, die als Reduktionen am linken innersten Redex unter Anwendung der bzgl. r(P) ersten passenden Ersetzungsregel definiert sind. Als relevanter Spezialfall ist für die Teilklasse der konfluenten und stark terminierenden TESe die Korrektheit einer Übersetzung völlig unabhängig von der Reihenfolge der 'rule'-Klauseln.

Definition 4.10

Sei $E \subseteq T_{\Sigma,V} \times T_{\Sigma,V}$ eine endliche Menge von Regeln und $R(E) = ((C_1,D_1),\dots,(C_n,D_n))$, $n=|E|$, eine Folge der Elemente aus E, so daß jedes Element aus E genau einmal in R(E) vorkommt. $\overset{R(E)}{\vdash}$ ist als binäre Relation über $T_{\Sigma,V}$ wie folgt definiert:

$A \overset{R(E)}{\vdash} B :\Longleftrightarrow A/x = C_i\theta$ und $B = A[x \leftarrow D_i\theta]$

wobei $x = lir(A)$ und $A/x \neq C_j\psi$ für alle (Σ,V)-Substitutionen ψ und $j<i$

Lemma 4.4: $A \overset{R(E)}{\vdash} B$ und $A \overset{R(E)}{\vdash} C$ impliziert $B=C$

Korollar 4.5: $\overset{R(E)}{\vdash}$ ist konfluent.

Lemma 4.6: $\overset{R(E)}{\vdash} \subseteq \overset{E}{\longrightarrow}$

Lemma 4.7: $NF_{\vdash\!\frac{R(E)}{}} = NF_{\xrightarrow{E}}$

Korollar 4.8

Sei A (Σ,V)-Term. Jede $\vdash\!\frac{R(E)}{}$-Normalform von A ist auch eine $\xrightarrow{E}$-Normalform von A.

Beweis: direkt aus Lemma 4.6 und 4.7 □

Lemma 4.9: Falls $\xrightarrow{E}$ noethersch ist, ist auch $\vdash\!\frac{R(E)}{}$ noethersch.

Beweis: direkt aus Lemma 4.6 □

Lemma 4.10

Sei $\vdash\!\frac{R(E)}{} \subseteq T_{\Sigma,V}\times T_{\Sigma,V}$ noethersch. Dann definiert R(E)-length: $T_{\Sigma,V} \rightarrow \mathbb{N}_0$ mit

$$\text{R(E)-length(A)} = \begin{cases} \text{R(E)-length(B)} + 1, & \text{falls } A \vdash\!\frac{R(E)}{} B \\ 0 & \text{, falls } A \in NF_{\vdash\frac{R(E)}{}} \end{cases}$$

eine Abbildung.

Beweis: noethersche Induktion

Falls A eine $\vdash\!\frac{R(E)}{}$-Normalform ist, gilt R(E)-length(A) = 0. Angenommen, es gibt ein B, so daß $A \vdash\!\frac{R(E)}{} B$. Nach Induktionsannahme liefert R(E)-length(B) eine eindeutige natürliche Zahl $k \in \mathbb{N}_0$. Nach Lemma 4.4 ist B eindeutig, so daß R(E)-length(A) = k+1 □

Da $\vdash\!\frac{R(E)}{}$ noethersch ist, gibt es zu jedem (Σ,V)-Term eine $\vdash\!\frac{R(E)}{}$-Normalform. Wegen Lemma 4.4 ist diese eindeutig, und es gibt genau eine Folge von $\vdash\!\frac{R(E)}{}$-Reduktionen von A nach nf(A). R(E)-length(A) gibt gerade die Anzahl der Schritte an, die benötigt werden, um A mittels $\vdash\!\frac{R(E)}{}$ zu nf(A) zu reduzieren.

Lemma 4.11

Sei $\vdash\!\frac{R(E)}{}$ noethersch. Dann gilt für jeden (Σ,V)-Term der Form $f(A_1,\dots,A_k)$, $k \in \mathbb{N}_0$:

$\forall i \in \{1,\dots,k\}$: R(E)-length($f(A_1,\dots,A_k)$) $\geq$ R(E)-length(A_i)

Beweis: noethersche Induktion

Definiere ein Prädikat P auf $T_{\Sigma,V}$ wie folgt:

$P(f(A_1,\dots,A_k)) :\Longleftrightarrow \forall i \in \{1,\dots,k\}$: R(E)-length($f(A_1,\dots,A_k)$) $\geq$ R(E)-length(A_i)

Zeige durch noethersche Induktion, daß P für alle (Σ,V)-Terme gilt:

Angenommen, $A_i \in NF_{\vdash\frac{R(E)}{}}$ $(i=1,\dots,k)$. Dann folgt aus R(E)-length(A_i) = 0 mit Lemma 4.10 sofort $P(f(A_1,\dots,A_k))$.

Andernfalls gibt es ein $j \in \{1,\dots,k\}$, so daß $A_j \notin NF_{\vdash\frac{R(E)}{}}$ und

(1) $A_j \vdash\!\frac{R(E)}{} A_j^*$

(2) $f(A_1,\dots,A_j,\dots,A_k) \vdash\!\frac{R(E)}{} f(A_1,\dots,A_j^*,\dots,A_k)$

Mit der Def. von R(E)-length folgt direkt

(3) $R(E)\text{-length}(A_j) = R(E)\text{-length}(A_j^*) + 1$

(4) $R(E)\text{-length}(f(A_1,\ldots,A_j,\ldots,A_k)) = R(E)\text{-length}(f(A_1,\ldots,A_j^*,\ldots,A_k) + 1$

Nach (2) und der Induktionsvoraussetzung gilt:

(5) $R(E)\text{-length}(A_i) \leq R(E)\text{-length}(f(A_1,\ldots,A_j^*,\ldots,A_k))$ $(i=1,\ldots,j-1,j+1,\ldots,k)$

(6) $R(E)\text{-length}(A_j^*) \leq R(E)\text{-length}(f(A_1,\ldots,A_j^*,\ldots,A_k))$

Aus (3), (4), (6):

(7) $R(E)\text{-length}(A_j) \leq R(E)\text{-length}(f(A_1,\ldots,A_j,\ldots,A_k))$

Aus (4), (5), (7): $P(f(A_1,\ldots,A_j,\ldots,A_k))$ □

Wie bereits erwähnt, ist die Korrektheit eines PROLOG-Programms als Übersetzung eines TES nicht von vornherein gewährleistet, sondern im wesentlichen von der Reihenfolge der Klauseln abhängig, die das 'rule'-Prädikat definieren. Im folgenden werden die Kriterien für die Korrektheit einer Übersetzung präzisiert und mit Hilfe der obigen Ergebnisse verifiziert.

Definition 4.11

Sei $T = (\Sigma,V,E)$ ein TES und P eine Übersetzung von T. Mit r(P) wird die Folge der Elemente aus E bezeichnet, die zu P korrespondiert:

$(A,B)\in E$ kommt vor $(C,D)\in E$ in r(P) $:\Longleftrightarrow$ rule(A,B) $\longleftarrow$ kommt vor rule(C,D) $\longleftarrow$ in P

Satz 4.12

Sei $T = (\Sigma,V,E)$ ein endliches TES und P eine Übersetzung von T. Falls $\vdash_{\overline{r(P)}}$ noethersch ist, dann terminiert P für jede Zielklausel $\longleftarrow$ analyse(A,N) [4] mit der Antwort $\{N \leftarrow nf_{\vdash_{\overline{r(P)}}}(A)\}$.

Beweis: Doppelreduktion über r(P)-length(A) und |A|

Nach Korollar 4.5 und 2.4 hat jeder (Σ,V)-Term A eine eindeutige $\vdash_{\overline{r(P)}}$-Normalform, diese wird im folgenden mit nf(A) notiert; NF steht für $NF_{\vdash_{\overline{r(P)}}}$

1. Induktionsanfang: r(P)-length(A) = 0

   Direkt aus Lemma 4.10: (*) $A \in NF$

1.1. Induktionsanfang: |A| = 1

   Angenommen, A ist eine Variable, d.h. $A = U \in V$. Dann ist analyse(u,u) $\longleftarrow$ die einzige Klausel in P, deren Kopf mit dem (Teil-)Ziel analyse(u,N) unifizierbar ist. Folglich terminiert P für $\longleftarrow$ analyse(u,N) mit $\{N \leftarrow u\}$. Da U eine $\xrightarrow{E}$-Normalform ist, folgt mit Lemma 4.7 U = nf(U).

---

4) A ist ein (Σ,V)-Term, dessen Variablen als PROLOG-Konstanten behandelt werden, und N ist eine PROLOG-Variable.

Angenommen, A = $f \in \Sigma_{\lambda,s}$($s \in S$). Dann terminiert P für ⟵ analyse(f,N) mit {N←f}:

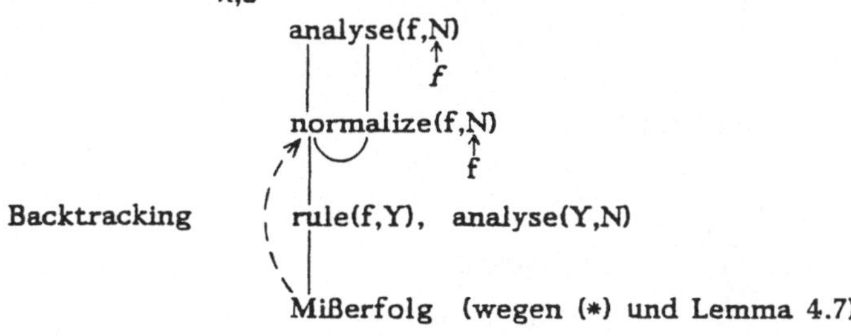

Mit (*) gilt: f = nf(f).

1.2. Induktionsschritt: |A| = k+1 (für festes, aber beliebiges $k \in \mathbb{N}$)

Sei o.B.d.A. A = $f(A_1,\ldots,A_n)$, $n \in \mathbb{N}$. Aus (*), Korollar 2.4 und 4.5:

(1) $A_i = nf(A_i)$ $(i=1,\ldots,n)$

Mit (1) gilt auch $A_i \in NF$, und wegen Lemma 4.10 r(P)-length(A_i) = 0 $(i=1,\ldots,n)$. Da ferner $|A_i| < |f(A_1,\ldots,A_n)|$, folgt mit (1) und der Induktionsannahme, daß P für ⟵ analyse(A_i,Ki) mit $\{Ki \leftarrow A_i\}$ terminiert $(i=1,\ldots,n)$. Also:

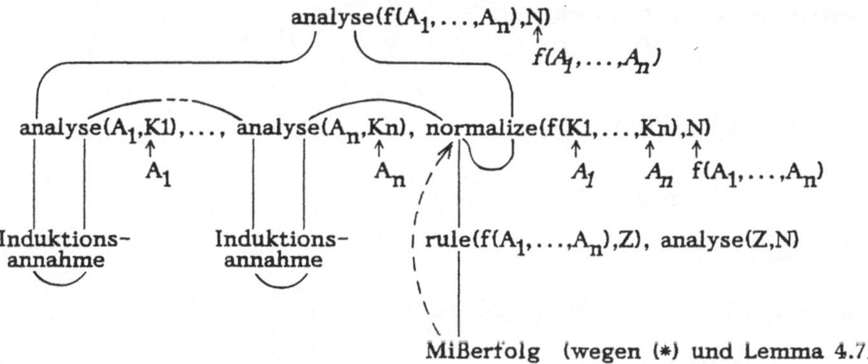

Mit (*), $f(A_1,\ldots,A_n) = nf(f(A_1,\ldots,A_n))$.

2. Induktionsschritt: r(P)-length(A) = m+1 ($m \in \mathbb{N}_0$ fest, aber beliebig)

Mit Lemma 4.10 folgt direkt: (**) $A \in NF$

2.1. Induktionsannahme: |A| = 1

Wegen (**) und Lemma 4.7 sei o.B.d.A. A = $f \in \Sigma_{\lambda,s}$($s \in S$) und $(C,D) \in E$ die erste Ersetzungsregel in r(P) mit $C\Theta = f$. Da $C \in V$, ist C=f, und es gilt $f \vdash^{r(P)} D$. Also r(P)-length(D) < r(P)-length(f) (mit Lemma 4.10), so daß nach Induktionsannahme P für ⟵ analyse (D,N) mit {N←nf(D)} terminiert. Somit:

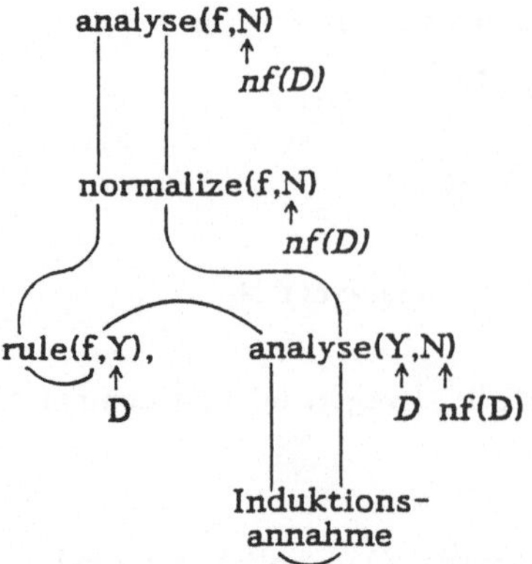

Mit f $\overset{r(P)}{\vdash}$ D $\overset{r(P)}{\vdash}{}^*$ nf(D) auch nf(D) = nf(f)

2.2. Induktionsschritt: $|A| = k+1$ ($k \in \mathbb{N}$ fest, aber beliebig)

Sei o.B.d.A. $A = f(A_1,\ldots,A_n)$, $n \in \mathbb{N}$. Da r(P)-length(A_i) ≤ r(P)-length(A) (nach Lemma 4.11) und $|A_i| < |f(A_1,\ldots,A_n)|$, folgt nach Induktionsannahme: P terminiert für ⟵ analyse(A_i,Ki) mit {Ki←nf(A_i)} (i=1,...,n). Ferner:

(2) $f(A_1,\ldots,A_n) \overset{r(P)}{\vdash}{}^* f(nf(A_1),\ldots,A_n) \overset{r(P)}{\vdash}{}^* \ldots \overset{r(P)}{\vdash}{}^* f(nf(A_1),\ldots,nf(A_n))$

Fall 1: $f(nf(A_1),\ldots,nf(A_n)) \in NF$

Analog zu 1.2,

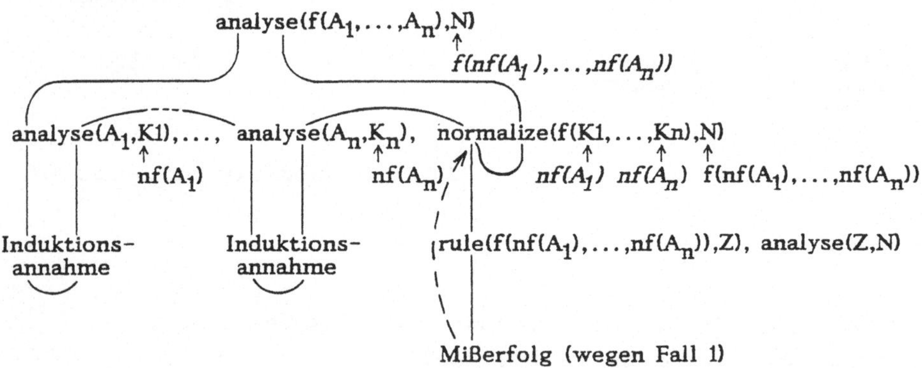

Mit Fall 1 und (2): $f(nf(A_1),\ldots,nf(A_n)) = nf(f(A_1,\ldots,A_n))$

Fall 2: $f(nf(A_1),\ldots,nf(A_n)) \notin NF$

Sei o.B.d.A. $(C,D) \in E$ die erste Ersetzungsregel in r(P) mit $C\theta = f(nf(A_1),\ldots,nf(A_n))$. Mit lir $(f(nf(A_1),\ldots,nf(A_n))) = (\ )$ folgt dann $f(nf(A_1),\ldots,nf(A_n)) \overset{r(P)}{\vdash} D\theta$, so daß nach Lemma 4.10 r(P)-length $(f(nf(A_1),\ldots,nf(A_n)))$ > r(P)-length($D\theta$). Nach Induktionsannahme terminiert P für ⟵ analyse($D\theta$,N) mit {N←nf($D\theta$)} und es gilt:

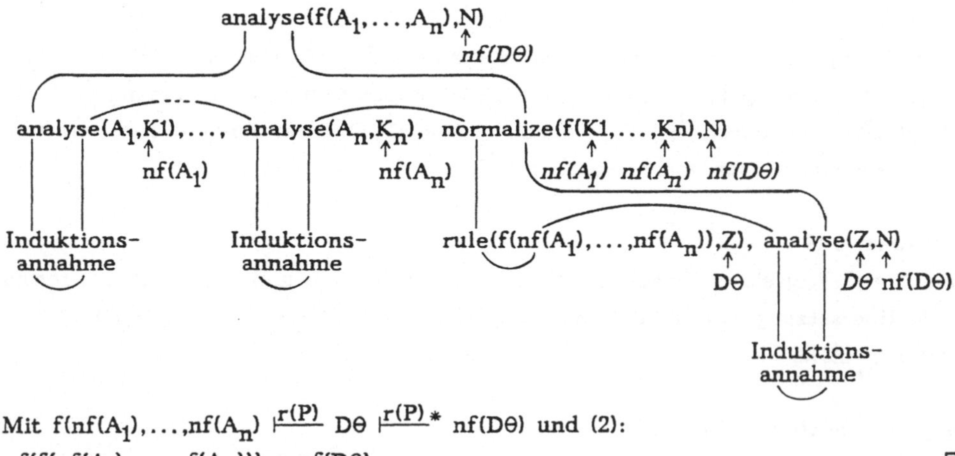

Mit $f(nf(A_1),\ldots,nf(A_n)) \vdash^{r(P)} D\Theta \vdash^{r(P)*} nf(D\Theta)$ und (2):
$nf(f(nf(A_1),\ldots,nf(A_n))) = nf(D\Theta)$ □

Theorem 4.13

Sei T = (Σ,V,E) ein endliches TES. Falls $\xrightarrow{E}$ noethersch und konfluent ist, dann terminiert jede Übersetzung von T für jede Zielklausel der Form ← analyse(A,N) mit der Antwort $\{N \leftarrow nf_{\xrightarrow{E}}(A)\}$.

Beweis:

Sei P eine Übersetzung von T. Nach Lemma 4.9 ist $\vdash^{r(P)}$ noethersch, so daß mit Satz 4.12 gilt: P terminiert für ← analyse(A,N) mit $\{N \leftarrow nf_{\vdash^{r(P)}}(A)\}$. Mit Korollar 2.4 und 4.8: $nf_{\xrightarrow{E}}(A) = nf_{\vdash^{r(P)}}(A)$. □

Für bestimmte Anwendungen von TESen, wie etwa das Gültigkeitsproblem von Gleichungen, ist es üblich, von einem unendlichen Vorrat V an Variablen auszugehen. Folglich kann unter Punkt (2) der Übersetzungsvorschrift nicht a priori für jede Variable eine Klausel erzeugt werden. Dieses Problem läßt sich beheben, indem man zu gegebenem Ziel ← analyse(A,N) für jede Variable in A eine Klausel *zur Laufzeit* erzeugt.

Bei anderen Anwendungen von TESen, wie der Ausführung algebraischer Spezifikationen, ist man primär an den Normalformen konstanter Terme interessiert; in diesem Fall wird Punkt (2) der Übersetzungsvorschrift überflüssig; zudem können die Voraussetzungen in Satz 4.12 und Theorem 4.13 in naheliegender Weise abgeschwächt werden: Seien $\Vdash^{r(P)}$ und $\mapsto^{E}$ die Einschränkungen von $\vdash^{r(P)}$ und $\xrightarrow{E}$ auf $T_\Sigma \times T_\Sigma$. Dann gilt:

Satz 4.14

Sei T = (Σ,V,E) ein endliches TES und P eine Übersetzung von T. Falls $\Vdash^{r(P)}$ noethersch ist, terminiert P für jede Zielklausel ← analyse(A,N), $A \in T_\Sigma$, mit $\{N \leftarrow nf_{\Vdash^{r(P)}}(A)\}$.

Beweis:
$(C,D) \in E$ impliziert $var(D) \subseteq var(C)$, so daß aus $A \overset{R(E)}{\vdash} B$ bzw. $A \overset{E}{\longrightarrow} B$ für $A \in T_\Sigma$ auch $B \in T_\Sigma$ folgt. Die Ergebnisse unter 4.4-4.11 gelten damit ebenso, wenn man simultan $\overset{R(E)}{\vdash}$ durch $\overset{R(E)}{\Vdash}$, $\overset{E}{\longrightarrow}$ durch $\overset{E}{\longmapsto}$, $T_{\Sigma,V}$ durch T_Σ und (Σ,V)-Term durch Σ-Term ersetzt. Die Beh. ergibt sich dann analog zu Satz 4.12. □

Theorem 4.15
Sei $T = (\Sigma,V,E)$ ein endliches TES. Falls $\overset{E}{\longmapsto}$ noethersch und konfluent ist, terminiert jede Übersetzung von T für jede Zielklausel der Form $\leftarrow$ analyse(A,N), $A \in T_\Sigma$, mit $\{N \leftarrow nf_{\overset{E}{\longmapsto}}(A)\}$.

Beweis: analog zu Theorem 4.13 □

Ein TES $T = (\Sigma,V,E)$ ist semantisch wohldefiniert, falls $\overset{E}{\longmapsto}$ terminierend und konfluent ist. Nach Theorem 4.15 garantiert unsere Übersetzungsvorschrift aber nur für solche Fälle korrekte PROLOG-Programme, in denen $\overset{E}{\longmapsto}$ stark terminiert; tatsächlich sind für den Fall, daß $\overset{E}{\longmapsto}$ schwach terminiert, die erzeugten Programme i.a. nur partiell korrekt, da ihre Termination nicht immer gewährleistet ist. Dazu sei folgendes Beispiel gegeben:

nat4

SORTS:		nat
OPNS:		zero: $\longrightarrow$ nat
		succ: nat $\longrightarrow$ nat
		add: nat × nat $\longrightarrow$ nat
VARS:		M,N: nat
RULES:	(E1)	add(zero,N) $\longrightarrow$ N
	(E2)	add(succ(N),M) $\longrightarrow$ succ(add(N,M))
	(E3)	add(N,M) $\longrightarrow$ add(M,N)

nat4 ist semantisch wohldefiniert, da die induzierte Reduktionsrelation auf den Grundtermen konfluent und (schwach) terminierend ist. Obwohl Regel (E3) für die Semantik von nat4 irrelevant ist - die Addition ist bereits durch (E1) und (E2) vollständig definiert - spielt sie für den Übersetzungsprozeß eine wesentliche Rolle: Da sie die Eigenschaft der Reduktionsrelation, auf Grundtermen noethersch zu sein, zerstört, ist nicht mehr für jede Übersetzung von nat4 deren Termination garantiert; vielmehr hängt die Termination einer Übersetzung nun entscheidend von der Reihenfolge der Klauseln ab, die das 'rule'-Prädikat definieren. Betrachte dazu die folgende Übersetzung von nat4:

```
        analyse(zero,N) ← normalize(zero,N)
        analyse(succ(I1),N) ← analyse(I1,K1), normalize(succ(K1),N)
        analyse(add(I1,I2),N) ← analyse(I1,K1), analyse(I2,K2),
                                normalize(add(K1,K2),N)
(*)     rule(add(N,M),add(M,N)) ←
        rule(add(zero,N),N) ←
(**)    rule(add(succ(N),M),succ(add(N,M))) ←
        normalize(X,Y) ← rule(X,Z), analyse(Z,Y)
        normalize(X,X) ←
```

Das Vorgehen des obigen Programms, zur Termreduktion bevorzugt Regel (E3) anzuwenden, resultiert in unendlichen Reduktionsfolgen, so daß Normalformen i.a. nicht gefunden werden. Für die Anfrage ← analyse(add(zero,zero),N) etwa wird die Nicht-Termination daran sichtbar, daß sich die Widerlegung der Zielklausel auf die Widerlegung des identischen Teilziels reduziert (vgl. Bild 4.1).

Alle gemäß unserer Übersetzungsvorschrift erzeugten PROLOG-Programme verfolgen die gemeinsame Strategie, Terme stets am linken innersten Redex zu reduzieren. Zwar läßt sich im obigen Fall die Termination erzwingen, indem man die mit (*) und (**) markierten Regeln vertauscht und somit (E3) implizit von der Termreduktion ausschließt, doch hilft auch eine Permutierung von Klauseln nicht weiter, wenn die "leftmost innermost"-Strategie, wie etwa für die Regelmenge {f(X) ⟶ f(f(X)), f(f(X) ⟶ X}, grundsätzlich nicht terminiert.

Die einzige Strategie, die ein sicheres Auffinden von Normalformen garantiert, ist die "brute force"-Strategie; sie basiert darauf, solange sukzessiv alle Reduktionsfolgen der Länge 1,2,...,n zu berechnen, bis eine Normalform hergeleitet ist. Für praktische Zwecke ist die "brute force"-Strategie allerdings ungeeignet, da sie nicht nur einen immensen Bedarf an Speicherplatz zur Notierung von Zwischenergebnissen beansprucht, sondern als Folge der wahllosen Anwendung von Ersetzungsregeln auch zu einem inakzeptablen Laufzeitverhalten führt. Die eigentliche Bedeutung der "brute force"-Strategie erklärt sich eher aus theoretischer Sicht; denn sie eröffnet die prinzipielle Möglichkeit, beliebige endliche TESe automatisch in semantisch äquivalente PROLOG-Programme zu übersetzen. Eine entsprechende Transformation resultiert in der Erzeugung folgender Prädikate:

<u>reduce:</u> reduce(A,N) reduziert einen (Σ,V)-Term A zu seiner $\xrightarrow{E}$-Normalform N.

<u>normalize:</u> Sei L eine Liste von (Σ,V)-Termen; normalize(L,N) berechnet simultan für alle Terme in L solange alle Reduktionsfolgen der Länge 1,2,...,n, bis eine $\xrightarrow{E}$-Normalform N hergeleitet ist.

analyse(add(zero,zero),N)
analyse(zero,K1)
zero
normalize(zero,K1)
zero
rule(zero,Z), analyse(Z,K1)
Mißerfolg
analyse(zero,K2)
zero
normalize(zero,K2)
zero
rule(zero,Z'), analyse(Z',K2)
Mißerfolg
normalize(add(K1,K2),N)
zero zero
rule(add(zero,zero),Z''),
add(zero,zero)
analyse(Z'',N)
add(zero,zero)

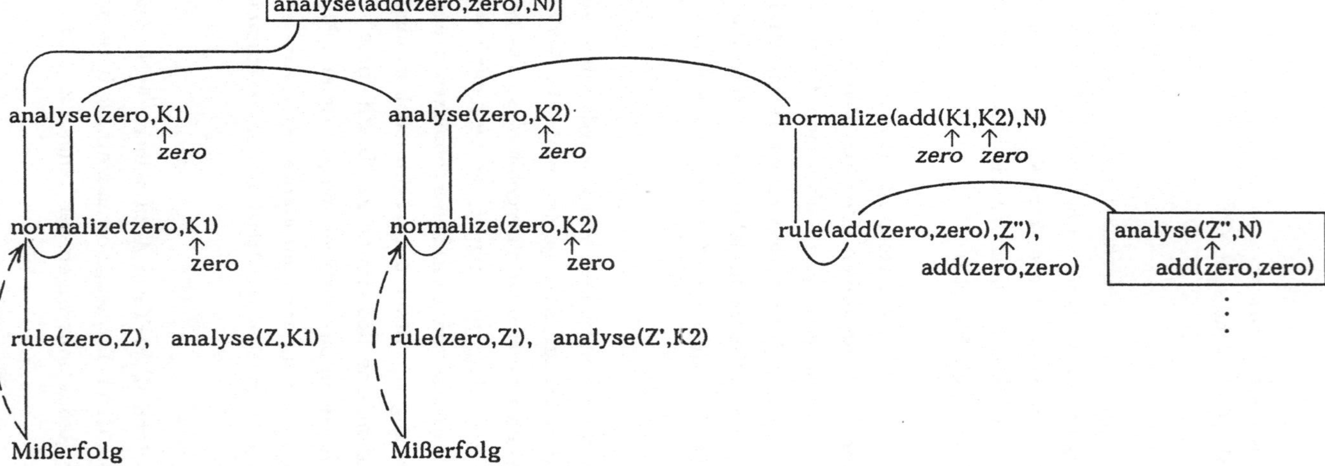

Bild 4.1

analyse: Sei $L = (A_1,\dots,A_m)$ eine Liste von (Σ,V)-Termen und $M = (M_1,\dots,M_m)$ eine Liste, die zu jedem A_i die Liste M_i seiner direkten Nachfolger enthält, d.h. $B \in M_i \Longleftrightarrow A_i \xrightarrow{E} B$. analyse(L,M,N) selektiert, sofern vorhanden, die erste $\xrightarrow{E}$-Normalform N aus L; enthält L keine Normalform, so wird $M_1 \cdot M_2 \cdot \ldots \cdot M_m$ zu N "normalisiert".

apply: Sei $L = (A_1,\dots,A_m)$ eine Liste von (Σ,V)-Termen; apply(L,M) liefert die Liste $M = (M_1,\dots,M_m)$, die zu jedem A_i die Liste M_i seiner direkten Nachfolger enthält, d.h. $B \in M_i \Longleftrightarrow A_i \xrightarrow{E} B$.

descendant: descendant(A,L) liefert zu einem (Σ,V)-Term A die Liste L seiner direkten Nachfolger.

root: Sei A ein (Σ,V)-Term und L eine Liste von (Σ,V)-Termen; root(A,L,M) erweitert L zu einer Liste M, und zwar um genau alle (Σ,V)-Term B mit $A \underset{()}{\xrightarrow{E}} B$ und $B \notin L$.

replace: Sei $A = f(A_1,\dots,A_n)$ ein (Σ,V)-Term, $I \in \{1,\dots,n\}$ und $L = (B_1,\dots,B_m)$ eine Liste von (Σ,V)-Termen, so daß für $i=1,\dots,m$ $sort(B_i) = sort(A_I)$; replace(A,I,L,M) liefert eine Liste $M = (C_1,\dots,C_m)$ von (Σ,V)-Termen, so daß $C_i = A[(I) \leftarrow B_i]$ $(i=1,\dots,m)$.

rule: Zu einem (Σ,V)-Term A liefert rule(A,B) sukzessive alle (Σ,V)-Terme B mit $A \underset{()}{\xrightarrow{E}} B$.

flatten: Zu einer Liste $L = (L_1,\dots,L_m)$ von Listen berechnet flatten(L,M) die Konkatenation $M = L_1 \cdot \ldots \cdot L_m$.

append: append(L_1,L_2,L) konkateniert die Listen L_1 und L_2 zur Liste L.

remove: remove(L_1,L_2) entfernt sämtliche Duplikate aus der Liste L_1 und liefert das Ergebnis in L_2 ab.

member: member(T,L) gdw. T Element der Liste L ist.

Die obigen Prädikate lassen sich direkt in PROLOG kodieren; das folgende Programmschema zeigt wie. Die erzeugten Klauseln sind in ihrer Reihenfolge im wesentlichen frei permutierbar; ausgenommen sind jene Stellen, wo die Präzedenz explizit vorgegeben ist (vertikale Pfeile!).

1. Inkrementelles Aufbauen der Reduktionsfolgen

```
/* reduce */
        reduce(A,N) ← normalize([A],N).
/* normalize */
        normalize(L,N) ← apply(L,L1), analyse(L,L1,N).
/* analyse */
   |    analyse([X|L],[[]|L1],X) ←
   ↓    analyse([X|L],[Y|L1],N) ← append(L1,[Y],L2), analyse(L,L2,N)
        analyse([],L,N) ← flatten(L,L1), remove(L1,L2), normalize(L2,N)
/* apply */
        apply([],[]) ←
        apply([X|L],L1) ← descendant(X,L2), apply(L,L3), append([L2],L3,L1)
```

2. Ausführung einzelner Reduktionsschritte

/* descendant */

Für jedes n-stellige Funktionssymbol f∈F (n∈$\mathbb{N}_0$):

```
descendant(f(I1,...,In),L) ← root(f(I1,...,In),[],R),
                             descendant(I1,L1), replace(f(I1,...,In),1,L1,R1),
                             :
                             descendant(In,Ln), replace(f(I,...,In),n,Ln,Rn)
                             flatten([R,R1,...,Rn],L)
```

/* root */

```
| root(X,L,L1) ← rule(X,Y), not(member(Y,L)), root(X,[Y|L],L1)
↓ root(X,L,L) ←
```

/* replace */

```
replace(T,P,[],[]) ←
```

Für jedes n-stellige Funktionssymbol f∈F (n∈$\mathbb{N}_0$):

```
replace(f(I1,I2,...,In),1,[X|L],R) ← replace(f(I1,I2,...,In),1,L,R1),
                                     append([f(X,I2,...,In)],R1,R)
:
replace(f(I1,I2,...,In),n,[X|L],R) ← replace(f(I1,I2,...,In),n,L,R1),
                                     append([f(I1,I2,...,X)],R1,R)
```

/* rule */

Für jede Ersetzungsregel (A,B)∈E:

```
rule(A,B) ←
```

3. Operationen auf Listen

/* flatten */

```
flatten([],[]) ←
flatten([X|L],L1) ← flatten(L,L2), append(X,L2,L1)
```

/* append */

```
append([],L,L) ←
append([X|L],L1,[X|L2]) ← append(L,L1,L2)
```

/* remove */

```
remove([],[]) ←
| remove([X|L],L1) ← member(X,L), remove(L,L1)
↓ remove([X|L],[X|L1]) ← remove(L,L1)
```

/* member */

```
| member(X,[X|L]) ←
↓ member(X,[Y|L]) ← member(X,L)
```

Der Gebrauch der von PROLOG angebotenen konventionellen Notationen für Listen und natürliche Zahlen [vgl. CM83] verbessert die Lesbarkeit der Programme. Die Benutzung der in PROLOG eingebauten Negation führt zu kürzeren und besser strukturierten Übersetzungen; zwar kommt man prinzipiell auch ohne Negation aus, doch müssen in diesem Fall zusätzliche Prädikate eingeführt werden.

Die Einführung des Prädikates 'remove' trägt zu einer signifikanten Codeoptimierung bei. Die "brute force"-Strategie ist dadurch charakterisiert, daß sie zu einem gegebenen Term, den Reduktionsbaum der Breite nach durchsucht. Da durch das Prädikat 'remove' auf jeder Ebene Duplikate eliminiert werden, degeneriert der Reduktionsbaum zu einem "collapsed tree"; damit reduziert sich einerseits der Speicherbedarf zur Notierung von Zwischenergebnissen, andererseits verbessert sich die Laufzeit, weil redundante Termreduktionen entfallen. Daß die erzeugten Programme trotz allem sehr ineffizient sind, geht ausschließlich zu Lasten einer inhärenten Eigenschaft der "brute force"-Strategie.

4.3 Verwandte Ansätze

Zur Übersetzung von TESen nach PROLOG existieren in der Literatur eine Reihe von Ansätzen, die das Thema zum Teil unter verschiedenen Aspekten betrachten: Ba82, DE84, EY86 sind weitgehend theoretisch orientiert und betonen besonders den Zusammenhang von funktionaler und logischer Programmierung. Gemeinsamer Ausgangspunkt ist die Annahme, daß TESe bzw. algebraische Spezifikationen adäquate Modelle für die funktionale Programmierung sind. Auf der Basis einer exakten Semantik ist es dann möglich, die Korrektheit der Übersetzungsverfahren formal zu verifizieren.

Andere Arbeiten sind eher praktisch orientiert und benutzen die erzeugten PROLOG-Programme als Werkzeug, um bestimmte Anwendungen von TESen zu realisieren, wie z.B. induktive Beweise für Datentypen [Pe85] oder die automatische Generierung von Prototypen auf der Basis algebraischer Spezifikationen [BD81, GML84]. Da in diesen Fällen die jeweiligen Anwendungen im Vordergrund stehen und nicht die Grundlagen der Programmierung, wird auf eine Verifikation der Übersetzungsverfahren durchweg verzichtet.

Diese Arbeit weist zu einigen der o.g. Arbeiten inhaltliche Querbezüge auf, insbesondere zu DE84 und BD81. So gehen die Ausführungen zur "leftmost innermost"-Übersetzung größtenteils auf Resultate in DE84 zurück. Bezüglich der Codegenerierung bestehen zudem gewisse Ähnlichkeiten zu BD81, wo die erzeugten PROLOG-Programme zur Ausführung hierarchisch strukturierter Spezifikationen benutzt werden. Da es in einer Hierarchie von TESen zwischen den einzelnen Systemen zu Interferenzen bei der Termreduktion kommt, müssen in BD81 zusätzliche Klauseln eingeführt werden, die für die Koordinierung der ansonsten separat übersetzten TESen sorgen.

Unabhängig von einem bestimmten Verfahren, wird bei der Übersetzung von TESen in PROLOG wesentlich die Eigenschaft ausgenutzt, daß die Unifikation in Verbindung mit der Dekomposition von Termen ein adäquates Konzept liefert, um den Effekt der Termreduktion zu beschreiben. Je nachdem, ob die Dekomposition von Termen zur Laufzeit oder während der Übersetzung erfolgt, unterscheidet van Emden [EY86] zwischen einem interpretativen und einem kompilativen Ansatz. Für den *interpretativen Ansatz* ist kennzeichnend, daß die erzeugten Programme logisch aus zwei getrennten Komponenten bestehen. Die "Wissenskomponente" besteht aus den Ersetzungsregeln des TES und enthält das Wissen über die gültigen Reduktionsschritte; eine explizite Kontrolle (Interpreter) greift während der Programmausführung auf die Ersetzungsregeln in der Wissenskomponente zu, interpretiert diese, und reduziert Terme nach einer festen Strategie. In diesem Sinne sind z.B. beide Verfahren aus Kapitel 4.2 interpretativ. Im Unterschied zum interpretativen Ansatz, wo die Ersetzungsregeln der TESe direkt in die PROLOG-Programme eingebettet werden, basiert der *kompilative Ansatz* auf der Idee, alle Programmklauseln durch Kompilierung der Ersetzungsregeln zu generieren. Zu diesem Zweck wird die hierarchische Struktur eines Termes ("zusammengesetzter Operationsaufruf") aufgelöst und in eine äquivalente Folge von elementaren Operationsaufrufen übersetzt. Der Übersetzungsvorgang ist beendet, wenn in allen Ersetzungsregeln die linken und rechten Seiten nach dem obigen Prinzip umgeformt sind.

Die Grundzüge der logischen Programmierung sind wesentlich dadurch bestimmt, daß mit der Unterscheidung von Funktions- und Prädikatensymbolen eine scharfe Trennung von Datenkonstruktoren und darauf definierten Prädikaten verbunden ist. Da in TESen eine ähnlich strikte Trennung von Konstruktoren und eigentlichen Funktionen nicht vorgesehen ist, kann bei der Kompilierung von Ersetzungsregeln i.a. nicht entschieden werden, welche Funktionssysmbole in Konstruktoren und welche in Prädikatensymbole zu übersetzen sind. Die Anwendbarkeit des kompilativen Ansatzes ist deshalb auf solche TESe beschränkt, in denen kein Funktionssymbol gleichzeitig in der Rolle eines "Konstuktorsymbols" und eines "definierten Symbols" vorkommt (Doppelrollen sind verboten). Damit Programmklauseln erzeugt werden, muß für jedes definierte Symbol f zudem gelten, daß in jeder definierenden Ersetzungsregel der Form $f(A_1,\ldots,A_n) \longrightarrow \ldots$ alle A_i ausschließlich aus Variablen und Konstruktorsymbolen aufgebaut sind ("Einhaltung der Konstruktordisziplin" [O'D85]).

Beispiel 4.2

In <u>nat</u> aus Beispiel 3.1 sind Konstruktorsymbole (zero, succ) und definierte Symbole (add, mult) klar voneinander zu trennen. Da die Regeln (N1) - (N4) zudem den syntaktischen Einschränkungen der Konstruktordisziplin genügen, sind die Voraussetzungen zur Anwendung des kompilativen Ansatzes gegeben. Das resultierende PROLOG-Programm besteht aus den folgenden Klauseln

```
plus(zero,N,N) <—
plus(succ(N),M,succ(Z)) <— plus(N,M,Z)
times(zero,N,zero) <—
times(succ(N),M,Z) <— times(N,M,Y), plus(Y,M,Z)
```

Damit Terme korrekt reduziert werden, ist es erforderlich, sie vor Ausführung des Programms in äquivalente Folgen elementarer Funktionsaufrufe zu übersetzen; auf diese Weise werden Terme stets von innen nach außen ("bottom up") ausgewertet. Z.B.,

```
mult(add(zero,succ(zero)),add(zero,zero))
|
↓
<- plus(zero,succ(zero),M), plus(zero,zero,N), times(M,N,Z)
```

***

Beispiel 4.3

Daß es durchaus realistische Beispiele gibt, auf die der kompilative Ansatz nicht anwendbar ist, zeigt die nachfolgende Spezifikation ein- und mehrelementiger Listen. Entscheidend ist, daß cat (Konkatenation von Listen) ein definiertes Symbol ist, welches gleichzeitig als Konstruktorsymbol dient, um Listen beliebiger Länge aufzubauen.

<u>natqueue</u>

SORTS:	nat, queue
OPNS:	zero: —> nat
	succ: nat —> nat
	new: nat —> queue
	cat: queue × queue —> queue
VARS:	X,Y,Z: queue
RULES:	cat (X,cat (Y,Z)) —> cat (cat (X,Y),Z)

***

Für die Güte eines Übersetzungsverfahrens ist entscheidend, inwieweit die Forderungen nach Universalität und Effizienz erfüllt sind. Dieselben Kriterien sind geeignet, mit dem interpretativen und dem kompilativen Ansatz sogar ganze Klassen von Übersetzungsverfahren vergleichend zu bewerten. Zwar können Universalität und Effizienz je nach Realisierung eines Ansatzes unterschiedlich ausgeprägt sein (vgl. Kap. 4.2), doch sind die qualitativen Grenzen, innerhalb derer Verschiebungen möglich sind, mit jedem Ansatz inhärent vorgegeben: Die Idee, Ersetzungsregeln während der Programmausführung zu interpretieren, bedeutet für den interpretativen Ansatz, daß, unabhängig von einer bestimmten Realisierung, die Dekomposition von Termen erst zur Laufzeit möglich ist. Offenbar werden sehr viel effizientere Programme erzeugt, wenn die Dekomposition der Terme, wie beim kompilativen Ansatz, bereits zur Übersetzungszeit erfolgen kann. Genau umgekehrt verhält es sich mit der Universalität. Während das interpretative Vorgehen auf beliebige TESe anwendbar ist, ist der kompilative Ansatz an die Einhaltung der Konstruktordisziplin und die Bottom-up-Auswertung der Terme gebunden. In der folgenden Tabelle sind Vor-/Nachteile beider Ansätze zusammengefaßt.

	interpretativ	kompilativ
Codegenerierung	ineffizient (Dekomposition zur Laufzeit)	effizient (Dekomposition zur Übersetzungszeit)
Anwendbarkeit	universell (flexible Reduktionsstrategie, im schlimmsten Fall brute force)	begrenzt (Bottom-up-Auswertung, Einhaltung der Konstruktordisziplin)

Von der Programmlogik her begreift der interpretative Ansatz den Reduktionsprozeß als eine Folge von Dekompositions- und Reduktionsschritten; die Reduktionsstrategie selbst ist durch die Reihenfolge bestimmt, in der die einzelnen Schritte aufeinanderfolgen. Der Ansatz von Bandes [Ba82] zielt darauf, die obige Programmlogik durch die Codegenerierung nachzubilden. Die Grundidee besteht darin, gemeinsame Teilziele (Reduktions-/Dekompositionsschritte) in einer gemeinsamen Komponente zu realisieren und die Reihenfolge, in der die Teilziele erfüllt werden, über eine explizite Kontrolle zu steuern. Ziel der Modularisierung ist es, verschiedene Reduktionsstrategien in ein Übersetzungsverfahren zu integrieren. In Ba82 gelingt dies für die innermost- und die outermost-Strategie sowie für eine Mischform von beiden. Die logische Struktur der generierten Programme läßt sich wie folgt skizzieren:

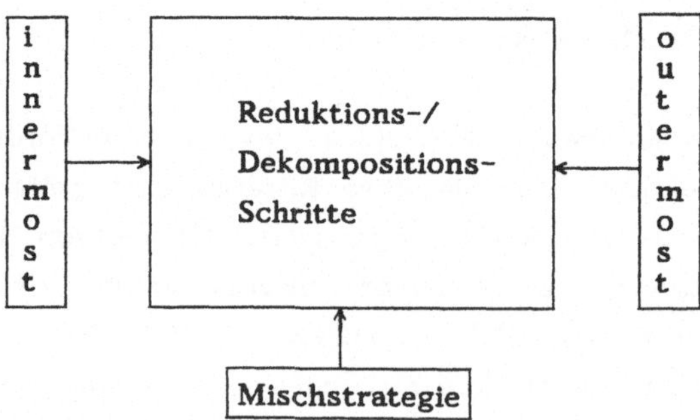

Bei der Programmausführung kann man unter den angebotenen Reduktionsstrategien jeweils diejenige auswählen, die am geeignetsten ist, Normalformen zuverlässig und effizient zu berechnen.

Der obigen Einteilung folgend, ist in EY86 jeweils ein Übersetzungsverfahren auf der Basis des interpretativen bzw. kompilativen Ansatzes angegeben. Bei der Verifikation dieser Verfahren differenziert van Emden zwischen modelltheoretischer und operationaler Korrektheit. Da Termreduktion eine spezielle Form der Deduktion im Gleichungskalkül ist, liegt es modelltheoretisch nahe, Ersetzungsregeln von TESen als Gleichungen zu interpretieren. Die *modelltheoretische Korrektheit* einer Übersetzung ist dann dadurch charakterisiert, daß jeder Erfolgszweig eines SLD-Baumes eine aus den Gleichungen deduzierbare Antwort repräsentiert. Im Gegensatz dazu interessiert aus operationaler Sicht nur der Teil eines SLD-Baumes, der vom PROLOG-Interpreter durchsucht wird. Für die *operationale Korrektheit* einer Übersetzung ist also nur relevant, daß der PROLOG-Interpreter zu jedem Eingabe-Term A einen Erfolgszweig auswählt, der die Normalform von A liefert (vgl auch Kap. 4.2).

Für beide Übersetzungsverfahren in EY86 gilt, daß die Klauseln der generierten Logikprogramme zu Aussagen korrespondieren, die aus den Gleichungen der übersetzten TESe und den vier Standardaxiomen für die Gleichheit (Reflexivität, Symmetrie, Transitivität, Kongruenzabschluß) logisch ableitbar sind. Diese Eigenschaft impliziert direkt die modelltheoretische Korrektheit der erzeugten Programme. Die Verifikation des interpretativen Verfahrens basiert allerdings wesentlich auf der Annahme, daß ein (Meta-) Prädikat 'canonical' verfügbar ist, für das keine definierenden Klauseln angegeben werden müssen. Streng genommen "erkauft" van Emden die modelltheoretische Korrektheit, indem er die sicheren Grundlagen eines Logikkalküls verläßt.

Anders als die modelltheoretische Korrektheit ist die operationale Korrektheit einer Übersetzung bei van Emden an die Einhaltung bestimmter Bedingungen gebunden. Daß nicht jedes modelltheoretisch korrekte Programm von einem PROLOG-Interpreter in der gewünschten Weise ausgeführt wird, ist auf zwei Gründe zurückzuführen: Entweder wählt der PROLOG-Interpreter einen Erfolgszweig aus, der eine andere Lösung als die gesuchte Normalform liefert, oder er gerät in einen unendlichen Zweig, und das Programm terminiert nicht.

Die "Fehler" bei der Programmausführung treten aber nicht unkontrolliert auf, sondern lassen sich jeweils einem bestimmten auslösenden Ereignis zuordnen. So werden Normalformen nur dann falsch berechnet, wenn in dem zu reduzierenden Term Variablen vorkommen (in diesem Fall erhält man statt der Reduktion den Effekt des "narrowing" [Hul80]); analog dazu ist die Nicht-Termination ein Indikator für unendliche Reduktionsfolgen. Um die operationale Korrektheit zu gewährleisten, müssen also alle kritischen, d.h. fehlerauslösenden Ereignisse ausgeschlossen werden. Van Emden erreicht dies, indem er sich auf noethersche TESe und die Reduktion von Grundtermen beschränkt.

Wesentlich bessere Korrektheitskriterien erhält man, wenn man die Prinzipien, wie sie in Kap. 4.2 für das "leftmost innermost"-Verfahren beschrieben sind, auf die Verfahren in EY86 überträgt. So kann man das Reduktionsproblem für variable Terme einfach umgehen, indem man die Variablen des zu reduzierenden Terms in PROLOG-Konstanten und nicht, wie van Emden, in PROLOG-Variablen übersetzt. Der Effekt des "narrowing" ist nun ausgeschlossen, weil der PROLOG-Interpreter bei der Resolventenberechnung die Termvariablen wie Funktionssymbole behandelt. Ebenso läßt sich die Terminationsbedingung abschwächen, wenn die Reihenfolge der Programmklauseln explizit berücksichtigt wird: Wie Satz 4.12 zeigt, muß die Noether-Eigenschaft nicht für die vollständige Reduktionsrelation vorliegen, sondern nur für die Teilmenge der Reduktionsschritte, die vom PROLOG-Interpreter tatsächlich ausgeführt wird.

5. Parametrisierung

Die Parametrisierung ist ein Mittel zur Strukturierung algebraischer Spezifikationen und stellt als solches Konzepte zur Modularisierung und zur Wiederverwendbarkeit von Modulen bereit. Der Einsatz parametrischer Spezifikationen unterstützt damit einerseits die Methodik, komplexe Systeme in handhabbare Module zu zerlegen und diese separat zu spezifizieren, zum anderen ermöglicht er es, häufig benützte Module, wie etwa die Standard-Datentypen bool, int, char oder die Typkonstruktoren array, queue, set, in verschiedenen Kontexten wiederzuverwenden. Formal sind parametrische Spezifikationen als Paare PSPEC = (SPEC, SPEC1) definiert, in denen die SPEC-Komponente bestimmte Sorten, Funktionssymbole und ggf. Gleichungen der *Rumpf-Spezifikation* SPEC1 als *formalen Parameter* auszeichnet.

Beispiel 5.1 Stacks beliebiger Einträge

Anstatt Stacks für jeden Basis-Datentyp (z.B. int, char, list) neu zu spezifizieren, wird ein formaler Parameter

```
entry
SORTS:     entry
OPNS:      e: ⟶ entry
```

eingeführt, der bei Gegebenheit geeignet zu aktualisieren ist. Die parametrische Spezifikation stack(entry) ist dann wie folgt gegeben

```
stack(entry) =
entry +
SORTS:     stack
OPNS:      empty: ⟶ stack
           push: stack × entry ⟶ stack
           pop: stack ⟶ stack
           top: stack ⟶ entry
VARS:      S: stack
           E: entry
EQNS:      pop(empty) = empty
           pop(push(S,E)) = S
           top(empty) = e
           top(push(S,E)) = E
```

***

Die Semantik parametrischer Spezifikationen PSPEC = (SPEC, SPEC1) basiert auf der sog. freien Konstruktion, durch die SPEC-Algebren in natürlicher Weise auf SPEC1-Algebren abgebildet werden. Die Fortsetzung der freien Konstruktion auf Algebra-Morphismen definiert dann einen freien Funktor von der Kategorie der SPEC-Algebren in die Kategorie der SPEC1-Algebren. Die Eigenschaft freier Funktoren, bis auf natürliche Isomorphie eindeutig zu sein und Initialität zu erhalten, zeichnet sie als mathematische Modelle für Typkonstruktoren aus und legt nahe, sie als Standard-Semantik parametrischer Spezifikationen zu betrachten [EKTWW81, EM85].

Ein universeller Mechanismus zur Parameterübergabe ermöglicht es, einzelne Module (parametrische Spezifikationen) zu komplexen Spezifikationen zuzsammenzufügen. Entlang eines Spezifikationsmorphismus h: SPEC ⟶ SPEC', der die formalen Sorten und Funktionssymbole strukturgetreu auf aktuelle Sorten und Operatoren abbildet, erhält man durch Pushout-Konstruktion [Eh82] eine ***Resultat-Spezifikation*** SPEC1', die aus dem *aktuellen Parameter* SPEC' und dem Rumpf der parametrischen Spezifikation PSPEC = (SPEC,SPEC1) zusammengesetzt ist:

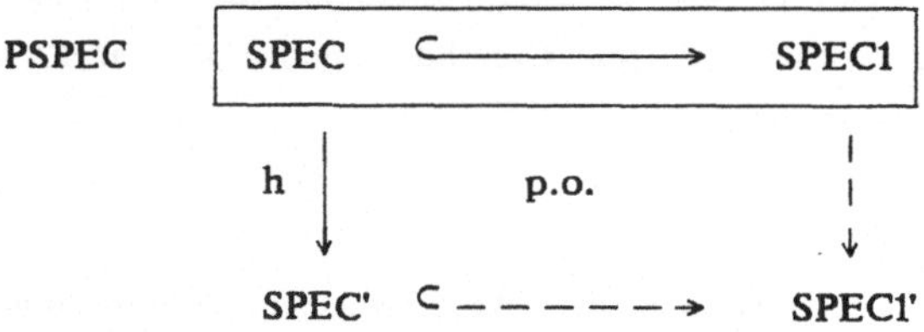

Genau in den Fällen, in denen PSPEC persistent ist, garantiert der obige Mechanismus, daß die initiale Semantik des aktuellen Parameters bis auf Isomorphie in dem durch SPEC1' beschriebenen, resultierenden Datentyp erhalten bleibt ("parameter protection") und daß die Parameterübergabe mit der Semantik von PSPEC verträglich ist ("passing compatibility").

Beispiel 5.2

Der Effekt der Parameterübergabe ist eindeutig durch Angabe eines Spezifikationsmorphismus festgelegt. So ist etwa durch den Spezifikationsmorphismus {entry ⟼ nat, e ⟼ error} vollständig beschrieben, wie in Beispiel 5.1 der formale Parameter entry durch die Spezifikation

natS
SORTS: nat
OPNS: zero: ⟶ nat
succ: nat ⟶ nat
error: ⟶ nat
EQNS: succ(error) = error

zu aktualisieren ist. Die Resultat-Spezifikation stack(natS) erhält man dadurch, daß man zunächst den Rumpf der parametrischen Spezifikation stack(entry) konsistent umbenennt (und zwar entry in nat, e in error) und ihn dann mit dem aktuellen Parameter natS disjunkt vereinigt:

stack(nat5)

SORTS: nat, stack

OPNS: zero: ⟶ nat
succ: nat ⟶ nat
error: ⟶ nat
empty: ⟶ stack
push: stack × nat ⟶ stack
pop: stack ⟶ stack
top: stack ⟶ nat

VARS: S: stack
E: nat

EQNS: pop(empty) = empty
pop(push(S,E)) = S
top(empty) = error
top(push(S,E)) = E
succ(error) = error

Die Persistenz der parametrischen Spezifikation stack(entry) gewährleistet, daß die durch nat5 spezifizierten natürlichen Zahlen unverändert in dem resultierenden Datentyp, d.h. der initialen Semantik von stack(nat5), erhalten bleiben. M.a.W. werden in stack(nat5) weder natürliche Zahlen aus nat5 identifiziert (Konsistenz) noch neue hinzugefügt (Vollständigkeit). ***

Im folgenden wird untersucht, inwieweit das Konzept der Parametrisierung mit der Ausführbarkeit algebraischer Spezifikationen verträglich ist. Genauer geht es um die Frage, unter welchen Voraussetzungen sich einzelne, ausführbare Module automatisch zu einer komplexen, ausführbaren Gesamtspezifikation zusammensetzen lassen. Ziel ist es, hinreichende, syntaktische Kriterien zu entwickeln, die es ermöglichen sollen, den globalen Test auf Ausführbarkeit eines Gesamtsystens durch eine Reihe lokaler Tests auf Modulebene zu ersetzen. Zu diesem Zweck ist im wesentlichen zu klären, inwieweit die Konfluenz und die Termination modularisierbare Eigenschaften von TESen sind.

5.1 Kombinationen von Termersetzungssystemen

Im Falle strukturverträglicher Signaturen ist es zulässig, TESe durch komponentenweise Vereinigung der Sorten, Operatoren und Regeln zu komplexeren Systemen zu verknüpfen. In diesem Kontext interessiert besonders, inwieweit die Eigenschaften der Konfluenz und Termination von den beteiligten TESen auf deren Kombination vererbt werden.

Bezeichnung

M+N bezeichnet die disjunkte Vereinigung zweier Mengen M und N.

Definition 5.1

Gegeben seien TESe $T=(\Sigma_T,V_T,R_T)$ und $Q=(\Sigma_Q,V_Q,R_Q)$ mit $\Sigma_T=(S0+S1,F0+F1)$, $\Sigma_Q=(S0+S2,F0+F2)$, $V_T=V0+V1$ und $V_Q=V0+V2$, wobei S0, S1, S2 ebenso wie F0, F1, F2 und V0, V1, V2 paarweise disjunkte Mengen sind [5]. Die *Summe* T+Q von T und Q besteht aus

(1) der Signatur $\Sigma_{T+Q} = (S0+S1+S2, F0+F1+F2)$

(2) der Menge von Variablen $V_{T+Q} = V0+V1+V2$

(3) der Menge von Regeln $R_{T+Q} = R_T \cup R_Q$

(S0,F0) ist die *gemeinsame Signatur* von T und Q. Falls $F0=\emptyset$ gilt, wird T+Q als *direkte Summe* von T und Q bezeichnet.

Notation

Wenn keine Mehrdeutigkeiten auftreten, läßt man bei Summen die Indizes der Einfachheit halber weg und notiert $T+Q = (\Sigma,V,R)$.

Bemerkung

Die Summenbildung für TESe ist kommutativ und assoziativ.

Der Spezialfall direkter Summen ist dadurch gekennzeichnet, daß sich die Auswirkungen einzelner Reduktionsschritte auf bestimmte Teilstrukturen in Termen begrenzen lassen. Formal sind die betroffenen Bereiche durch sog. Unordnungsstellen lokalisiert.

Definition 5.2

Sei $T+Q=(\Sigma,V,R)$ die direkte Summe zweier TESe $T=(\Sigma_T,V_T,R_T)$ und $Q=(\Sigma_Q,V_Q,R_Q)$ mit $\Sigma_T=(S_T,F_T)$ und $\Sigma_Q=(S_Q,F_Q)$.

1. Zwei Funktionssymbole $f,g \in F_T+F_Q$ sind *unvergleichbar*, i.Z. $f<>g$, wenn entweder $f\in F_T$ und $g\in F_Q$ oder $f\in F_Q$ und $g\in F_T$ gilt.
2. Sei A ein (Σ,V)-Term. Eine Adresse $y=x\cdot(i)$ aus dom(A) mit $x\in\mathbb{N}^*$, $i\in\mathbb{N}$ heißt *Unordnungsstelle* in A, wenn $Ax<>Ay$ gilt; y ist eine *äußerste Unordnungsstelle* in A, wenn es keine Unordnungsstelle z in A gibt, so daß $z \text{ anc}_{\neq}\, x$ gilt. Die Menge aller Unordnungstellen in A wird mit dis(A) bezeichnet, die Menge der äußersten Unordnungstellen in A mit omd(A).

---

[5] Für alle $f\in F0$ und $X\in V0$ wird implizit vorausgesetzt, daß ihre Sortierungen in T und Q übereinstimmen.

Bei direkten Summen ist die Anwendung einer Regel lokal auf den Bereich eines Templetts beschränkt. Ein Templett repräsentiert dabei eine maximale, homogene Teilstruktur in einem Term, in der keine Unordnungsstellen vorkommen.

Bezeichnung

Sei Σ=(S,F) eine Signatur und V eine S-sortierte Menge von Variablen. $\Sigma(\Box)$ bezeichnet die Signatur, die aus Σ entsteht, wenn für jede Sorte $s \in S$ eine ausgezeichnete Konstante $\Box_s$ zu F hinzugefügt wird. Es ist also $\Sigma(\Box)=(S,F(\Box))$ mit

$$F(\Box)_{\lambda,s} = F_{\lambda,s}+\{\Box_s\} \quad \text{für alle } s \in S$$
$$F(\Box)_{w,s} = F_{w,s} \quad \text{sonst}$$

Die Menge der $(\Sigma(\Box),V)$-Terme wird mit $T_{\Sigma,V,\Box}$ notiert und die Menge der $(\Sigma(\Box),V)$-Substitutionen mit $SUB_{\Sigma,V,\Box}$. Die Elemente aus $T_{\Sigma,V,\Box}$ und $SUB_{\Sigma,V,\Box}$ werden *Box-Terme* bzw. *Box-Substitutionen* genannt.

Box-Terme repräsentieren Terme mit Löchern; die offenen Stellen sind dabei durch die Box-Symbole $\Box_s$ markiert. Wann immer es der Kontext erlaubt, wird statt $\Box_s$, $s \in S$, einheitlich $\Box$ notiert.

Definition 5.3

Sei T+Q=(Σ,V,R) mit Σ=(S,F) die direkte Summe zweier TESe $T=(\Sigma_T,V_T,R_T)$ und $Q=(\Sigma_Q,V_Q,R_Q)$ mit $\Sigma_T=(S_T,F_T)$ und $\Sigma_Q=(S_Q,F_Q)$.

1. Sei A ein (Σ,V)-Term. Der durch die Adresse $x \in (dis(A)+\{()\})$ bestimmte Box-Term $t[A,x] = A/x[y \leftarrow \Box \mid y \in omd(A/x)]$ wird als *Templett* in A bei x bezeichnet. Das *Top-Templett* von A ist durch $t[A,()]$ gegeben. $[\![A]\!]$ bezeichnet die Menge der potentiellen Redexe im Top-Templett von A: $[\![A]\!] = \{z \in dom(t[A,()]) \mid Az \in F\}$
2. Die Funktionen LENGTH: $T_{\Sigma,V} \longrightarrow \mathbb{N}$ und DEPTH: $T_{\Sigma,V} \longrightarrow \mathbb{N}$ liefern zu jedem (Σ,V)-Term A die Anzahl bzw. die maximale Tiefe der Templetts in A: Für $omd(A) = \{x_1,\ldots,x_n\}$, $n \in \mathbb{N}_0$, gilt also

$$LENGTH(A) = \begin{cases} 1 & , n=0 \\ 1 + (LENGTH(A/x_1)+\ldots+LENGTH(A/x_n) & , n>0 \end{cases}$$

$$DEPTH(A) = \begin{cases} 1 & , n=0 \\ 1 + \max\{DEPTH(A/x_1),\ldots, DEPTH(A/x_n)\} & , n>0 \end{cases}$$

Beispiel 5.3

Gegeben sei die direkte Summe <u>list</u>+<u>nat</u> von ein- und mehrelementigen Listen natürlicher Zahlen mit <u>nat</u> wie in Beispiel 3.1 und

<u>list</u>

SORTS: nat, list

OPNS:	new: nat ⟶ list
	in: list × nat ⟶ list
	out: list ⟶ list
	first: list ⟶ nat
VARS:	L: list
	N: nat
RULES:	out(new(N)) ⟶ new(N)
	out(in(L,N)) ⟶ in(out(L),N)
	first(new(N)) ⟶ N
	first(in(L,N)) ⟶ first(L)

Der Term in(new(zero),add(zero,first(new(zero)))) zerfällt in insgesamt fünf Templetts bei maximaler Tiefe 4:

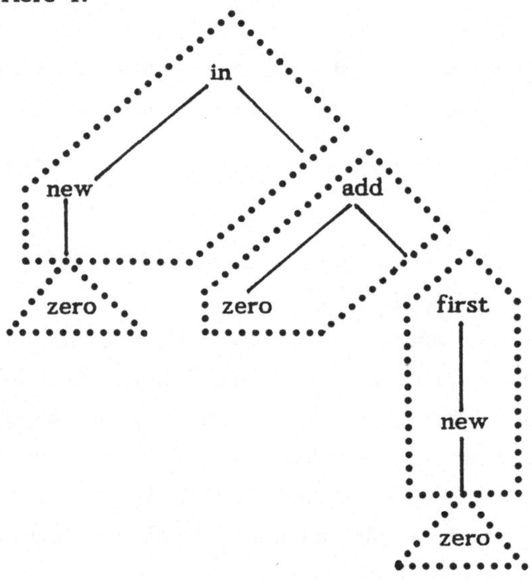

***

Lemma 5.1

Sei T+Q=(Σ,V,R) die direkte Summe zweier TESe T und Q. Dann gilt:
$A \xrightarrow{R} B \Longrightarrow \text{DEPTH}(A) \geq \text{DEPTH}(B)$

ohne Beweis

Lemma 5.2

Seien T und Q linksdominante TESe, die kein Funktionssymbol gemeinsam haben. Für die direkte Summe T+Q=(Σ,V,R) gilt dann: $A \xrightarrow{R} B \Longrightarrow \text{LENGTH}(A) \geq \text{LENGTH}(B)$.

ohne Beweis

Theorem 5.3
Seien T und Q TESe, die kein Funktionssymbol gemeinsam haben. Die direkte Summe T+Q ist genau dann schwach terminierend, wenn T und Q schwach terminierend sind.

Beweis:
Seien $T+Q=(\Sigma,V,R)$, $T=(\Sigma_T,V_T,R_T)$, $Q=(\Sigma_Q,V_Q,R_Q)$ mit $\Sigma=(S,F)$, $\Sigma_T=(S_T,F_T)$, $\Sigma_Q=(S_Q,F_Q)$.

"$\Longrightarrow$": direkt aus $\xrightarrow{R_Q} \subseteq \xrightarrow{R}$ und $\xrightarrow{R_T} \subseteq \xrightarrow{R}$

"$\Longleftarrow$": Zeige durch vollständige Induktion über die Tiefe der Templetts, daß es zu jedem (Σ,V)-Term A eine $\xrightarrow{R}$ - Normalform gibt.

1. Induktionsanfang: DEPTH(A) = 1
Da DEPTH(A) = 1 ist, gibt es in A keine Unordnungsstellen. Sei also o.B.d.A. A ein (Σ_Q,V)-Term. Wähle eine (Σ,V)-Substitution θ, so daß $A\theta$ ein (Σ_Q,V_Q)-Term ist und A, $A\theta$ gleich sind bis auf Umbenennung von Variablen. Da Q schwach terminierend ist, besitzt $A\theta$ eine $\xrightarrow{R_Q}$ - Normalform B. Da $NF_{\xrightarrow{R_Q}} \subseteq NF_{\xrightarrow{R}}$ gilt, gibt es nach Korollar 3.14a einen (Σ,V)-Term B', so daß $A \xrightarrow{R}{}^{*} B'$ und B' B. Da $B \in NF_{\xrightarrow{R}}$, folgt wiederum mit Korollar 3.14a $B' \in NF_{\xrightarrow{R}}$. M.a.W ist B' eine $\xrightarrow{R}$ - Normalform von A.

2. Induktionsschluß: DEPTH(A) = n+1 $(n \in \mathbb{N})$
Wegen DEPTH(A) > 1 gibt es mindestens eine Unordnungsstelle in A, so daß o.B.d.A.

(1) $\quad top(A) \in F_Q$

Da für jedes $x \in omd(A)$ DEPTH(A/x) < DEPTH(A) ist, gibt es nach Induktionsannahme zu A/x eine $\xrightarrow{R}$-Normalform B_x, und es gilt

(2) $\quad A \xrightarrow{R}{}^{*} A[x \leftarrow B_x | x \in omd(A)] =: B$

(3) $\quad \forall y \in omd(B)\colon B/y \in NF$

(4) $\quad top(B) = top(A)$

Wähle eine Funktion f_B: $omd(B) \longrightarrow V\text{-}var(B)$ mit $f_B(y) = f_B(z) \Longleftrightarrow B/y = B/z$. Bezeichne $D(f_B)$ den Wertebereich von f_B: $X \in D(f_B) \Longleftrightarrow \exists y{:}f_B(y)=X$. Definiere die Funktion F_B: $D(f_B) \longrightarrow T_{\Sigma,V}$ derart, daß $F_B(f_B(y))=B/y$. Für die (Σ,V)-Substitution $\Phi_B = \{X \leftarrow F_B(X) | X \in D(f_B)\}$ gilt dann

(5) $\quad B[y \leftarrow f_B(y) | y \in omd(B)]\Phi_B = B$

und wegen der Stabilität (Korollar 3.14)

(6) $\quad B' := B[y \leftarrow f_B(y) | y \in omd(B)] \xrightarrow{R}{}^{*} C \Longrightarrow B'\Phi_B \xrightarrow{R}{}^{*} C\Phi_B$

Wegen (1), (4), (6) ist B' ein (Σ_Q,V)-Term, so daß es analog zum Induktionsanfang eine $\xrightarrow{R}$-Normalform E zu B' gibt. Nach (2), (5), (6) genügt es zu zeigen, daß $E\Phi_B$ eine $\xrightarrow{R}$-Normalform ist:

Da B' ein (Σ_Q,V)-Term ist und nach Konstruktion $B' \xrightarrow{R}{}^* E$ gilt, ist auch E ein (Σ_Q,V)-Term. Für die Funktion OMD: $dom_V(E) \longrightarrow P^{\perp}(\mathbb{N}^*)$, die definiert ist durch

$$OMD(z) = \begin{cases} \{z\} & \text{, falls } top(E\Phi_B/z) \text{<>} top(E) \\ \{z \cdot w \mid w \in omd(E_B\Phi/z)\} & \text{, sonst} \end{cases}$$

gilt dann

(7) $$omd(E\Phi_B) = \bigcup_{z \in dom_V(E)} OMD(z)$$

Sei $z \in dom_V(E)$ beliebig. Falls $E/z \notin D(f_B)$, so gilt mit Lemma 3.5 und der Def. von Φ_B: $E\Phi_B/z = (E/z)\Phi_B = E/z$ und folglich $OMD(z)=\emptyset$. Falls $E/z \in D(f_B)$, so gibt es ein $y \in omd(B)$ mit $f_B(y) = E/z$, und es gilt: $E\Phi_B/z = (E/z)\Phi_B = f_B(y)\Phi_B = F_B(f_B(y)) = B/y$. Nach (1), (4) ist $top(B/y) \in F_T$, so daß $OMD(z)=\{z\}$. Insgesamt folgt mit (7):

(8) $\forall z \in omd(E\Phi_B)\ \exists y \in omd(B)$: $E\Phi_B/z = B/y$

Angenommen, $E\Phi_B$ wäre keine $\xrightarrow{R}$-Normalform. Wegen (3), (5), (8) kann $E\Phi_B$ nur im Top-Templett reduziert werden. Folglich kann auch E an derselben Stelle und mit derselben Regel wie $E\Phi_B$ reduziert werden. Hieraus folgt ein Widerspruch, denn E ist nach Voraussetzung eine $\xrightarrow{R}$-Normalform. □

Anders als die schwache Termination vererbt sich die Noether-Eigenschaft i.a. nicht auf direkte Summen (Satz 5.4). Damit direkte Summen noethersch sind, muß ein gleichzeitiges Duplizieren und Verschmelzen von Templetts ausgeschlossen werden. Während die Duplikation von Templetts durch die Linksdominanz verhindert wird (Theorem 5.5), ist ein Verschmelzen von Templetts ausgeschlossen, wenn die rechten Regelseiten mindestens ein Funktionssymbol enthalten (Theorem 5.6).

Satz 5.4:
Die direkte Summe noetherscher TESe ist i.a. nicht noethersch.

Beweis:
Konstruktion eines Gegenbeispiels:

tes1		tes2	
SORTS:	s	SORTS:	s
OPNS:	p: s ⟶ s	OPNS:	q: s × s ⟶ s
	f: s × s × s ⟶ s		c: ⟶ s
	g: s ⟶ s	VARS:	X,Y: s
	h: s ⟶ s	RULES:	q(X,Y) ⟶ X
VARS:	X,Y,Z: s		q(X,Y) ⟶ Y
RULES:	p(Z) ⟶ f(Z,Z,Z)		
	f(g(X),Y,h(Z)) ⟶ p(Y)		

Obwohl jedes der obigen TESe für sich noethersch ist, enthält die direkte Summe tes1 + tes2 eine zyklische und damit unendliche Reduktionsfolge:

p(q(g(c),h(c)))
$\longrightarrow$ f(q(g(c),h(c)),q(g(c),h(c)),q(g(c),h(c)))
$\longrightarrow$ f(g(c),q(g(c),h(c)),q(g(c),h(c)))
$\longrightarrow$ f(g(c),q(g(c),h(c)),h(c))
$\longrightarrow$ p(q(g(c),h(c)))
⋮
□

Theorem 5.5
Seien T,Q linksdominante TESe, die keine Funktionssymbole gemeinsam haben. Die direkte Summe T+Q ist genau dann noethersch, wenn T und Q noethersch sind.

Beweis:
Seien $T+Q=(\Sigma,V,R)$, $T=(\Sigma_T,V_T,R_T)$, $Q=(\Sigma_Q,V_Q,R_Q)$ mit $\Sigma=(S,F)$, $\Sigma_T=(S_T,F_T)$, $\Sigma_Q=(S_Q,F_Q)$.
"$\Longrightarrow$": direkt aus $\xrightarrow{R_T} \subseteq \xrightarrow{R}$ und $\xrightarrow{R_Q} \subseteq \xrightarrow{R}$

"$\Longleftarrow$": Sei A ein (Σ,V)-Term. Zeige durch vollständige Induktion über die Länge der Templetts, daß alle bei A beginnenden Reduktionsfolgen endlich sind.

1. Induktionsanfang: LENGTH(A) = 1
Angenommen, es gäbe eine unendliche Reduktionsfolge $A \xrightarrow{R} A_1 \xrightarrow{R} A_2 \xrightarrow{R} \dots$
Da LENGTH(A)=1 ist, gibt es in A keine Unordnungsstellen. Sei A also o.B.d.A. ein (Σ_Q,V)-Term. Wähle eine (Σ,V)-Substitution θ, so daß $A\theta$ ein (Σ_Q,V_Q)-Term ist. Dann ist wegen der Stabilität (Korollar 3.14) $A\theta \xrightarrow{R} A_1\theta \xrightarrow{R} A_2\theta \xrightarrow{R} \dots$ eine unendliche Reduktionsfolge, in der alle $A_i\theta$ $(i=1,2,\dots)$ (Σ_Q,V_Q)-Terme sind. Somit, $A\theta \xrightarrow{R_Q} A_1\theta \xrightarrow{R_Q} A_2\theta \xrightarrow{R_Q} \dots$ und ein Widerspruch zur Annahme, wonach Q noethersch ist.

2. Induktionsschluß: LENGTH(A) = n+1 $(n\in\mathbb{N}_0)$
Sei $A=A_0 \xrightarrow[x_0]{R} A_1 \xrightarrow[x_1]{R} A_2 \xrightarrow[x_2]{R} \dots$ eine unendliche Reduktionsfolge. Dann gilt nach Lemma 5.2 und der Induktionsannahme

(1) LENGTH(A) = LENGTH(A_i) $(i\geq 0)$

Da wegen (1) und der Linksdominanz ein Verschmelzen des Top-Templetts ausgeschlossen ist, gilt für jede S-sortierte Abbildungsfamilie f: $T_{\Sigma,V} \longrightarrow V$ mit $f(A)=f(B) \Longleftrightarrow sort(A)=sort(B)$

(2) $x_i\in[\![A_i]\!] \Longrightarrow A_i[y\leftarrow f(A_i/y)|y\in omd(A_i)] \xrightarrow{R} A_{i+1}[y\leftarrow f(A_{i+1}/y)|y\in omd(A_{i+1})]$ $(i\geq 0)$

(3) $x_i\notin[\![A_i]\!] \Longrightarrow A_i[y\leftarrow f(A_i/y)|y\in omd(A_i)] = A_{i+1}[y\leftarrow f(A_{i+1}/y)|y\in omd(A_{i+1})]$ $(i\geq 0)$

Sei K die Indexfolge, die zu den Reduktionen im Top-Templett korrespondiert, d.h. $K=(i\,|\,x_i\in[\![A_i]\!])$. Dann gilt:

Behauptung 1: K ist eine unendliche Folge

Beweis:

Angenommen, K wäre endlich. Sei also $K=(K_1,K_2,\ldots,K_m)$. Für alle $j>K_m$ ist dann $x_j\in[\![A_j]\!]$, so daß mit (1) und der Linksdominanz folgt:

(1.1) $omd(A_j) = omd(A_{j+1})$

(1.2) $\exists! y\in omd(A_j)$: y anc x_j

(1.3) $\forall y\in omd(A_j)$: $\neg(y \text{ anc } x_j) \Longrightarrow A_j/y = A_{j+1}/y$

(1.4) $\forall y\in omd(A_j)$: $y \text{ anc } x_j \Longrightarrow A_j/y \xrightarrow{R} A_{j+1}/y$

Aus (1.1) folgt induktiv für alle $j>K_m$

(1.5) $omd(A_j) = omd(A_{K_m+1})$

Ordne jedem $y\in omd(A_{K_m+1})$ die Indexfolge $S(y) = (j \mid x_j \text{ anc } y,\ j>K_m)$ zu. Da $omd(A_{K_m+1})$ endlich ist, gibt es nach (1.5), (1.2) ein bestimmtes y^*, für welches $S(y^*)$ unendlich ist. Sei also $S(y^*) = (N_1,N_2,N_3,\ldots)$. Nach (1.3), (1.4) ist dann $A_{N_1}/y^* \xrightarrow{R} A_{N_2}/y^* \xrightarrow{R} A_{N_3}/y^* \xrightarrow{R} \ldots$ eine unendliche Reduktionsfolge. Da $LENGTH(A_{N_1}/y^*) < LENGTH(A_{N_1})$ gilt, folgt mit (1) direkt ein Widerspruch zur Induktionsannahme. □

Nach Beh. 1 gilt o.B.d.A. $K=(K_1,K_2,K_3,\ldots)$. Definiere: $B_i := A_i[y\leftarrow f(A_i/y) \mid y\in omd(A_i)]$ für $i=0,1,\ldots$ Nach (2), (3) ist dann $B_{K_1} \xrightarrow{R} B_{K_2} \xrightarrow{R} B_{K_3} \xrightarrow{R} \ldots$ eine unendliche Reduktionsfolge, so daß analog zum Induktionsanfang ein Widerspruch zur Noether-Eigenschaft von T und Q folgt. Q.E.D.

Das obige Theorem gebührt in seiner vorliegenden Form Rusinowitch [Ru87]. Es verallgemeinert Theorem 5.5 in Dr88, wo die gleiche Aussage für den Spezialfall der rechtslinearen TESe bewiesen wurde. Eine Änderung der Beweisidee war für die Verallgemeinerung nicht erforderlich.

Theorem 5.6

Seien T,Q rechtserweiterte TESe, die keine Funktionssymbole gemeinsam haben. Die direkte Summe T+Q ist genau dann noethersch, wenn T und Q noethersch sind.

Beweis:

Sei $T+Q=(\Sigma,V,R)$, $T=(\Sigma_T,V_T,R_T)$, $Q=(\Sigma_Q,V_Q,R_Q)$ mit $\Sigma=(S,F)$, $\Sigma_T=(S_T,F_T)$, $\Sigma_Q=(S_Q,F_Q)$.

"$\Longrightarrow$": direkt aus $\xrightarrow{R_T} \subseteq \xrightarrow{R}$ und $\xrightarrow{R_Q} \subseteq \xrightarrow{R}$

"$\Longleftarrow$": Sei A ein (Σ,V)-Term. Zeige durch vollständige Induktion über die Tiefe der Templetts, daß alle bei A beginnenden Reduktionsfolgen endlich sind.

1. Induktionsanfang: DEPTH(A) = 1

Angenommen, es gäbe eine unendliche Reduktionsfolge $A \xrightarrow{R} A_1 \xrightarrow{R} A_2 \xrightarrow{R} \ldots$ Da DEPTH(A)=1 gilt, gibt es in A keine Unordnungsstellen; sei A also o.B.d.A. ein (Σ_Q,V)-Term. Wähle eine (Σ,V)-Substitution θ, so daß $A\theta$ ein (Σ_Q,V_Q)-Term ist. Dann ist wegen der Stabilität (Korollar 3.14) $A\theta \xrightarrow{R} A_1\theta \xrightarrow{R} A_2\theta \xrightarrow{R} \ldots$ eine unendliche Reduktionsfolge, in der alle $A_i\theta$ (i=1,2,...) (Σ_Q,V_Q)-Terme sind. Somit, $A\theta \xrightarrow{R_Q} A_1\theta \xrightarrow{R_Q} A_2\theta \xrightarrow{R_Q} \ldots$ Da Q nach Voraussetzung noethersch ist, ergibt sich ein Widerspruch.

2. Induktionsschluß: DEPTH(A) = n+1 $(n\in\mathbb{N}_0)$
Sei $A=A_0 \xrightarrow[x_0]{R} A_1 \xrightarrow[x_1]{R} A_2 \xrightarrow[x_2]{R} \ldots$ eine unendliche Reduktionsfolge. Dann folgt nach Lemma 5.1 und der Induktionsannahme

(1) DEPTH(A) = DEPTH(A_i) $(i\geq 0)$

Da wegen der Rechtserweiterung ein Verschmelzen mit dem Top-Templett ausgeschlossen ist, gilt für jede S-sortierte Abbildungsfamilie f: $T_{\Sigma,V} \longrightarrow V$ mit $f(A)=f(B) \Longleftrightarrow sort(A)=sort(B)$:

(2) $x_i\in[\![A_i]\!] \Longrightarrow A_i[y\leftarrow f(A_i/y) \mid y\in omd(A_i)] \xrightarrow{R} A_{i+1}[y\leftarrow f(A_{i+1}/y) \mid y\in omd(A_{i+1})]$ $(i\geq 0)$

(3) $x_i\notin[\![A_i]\!] \Longrightarrow A_i[y\leftarrow f(A_i/y) \mid y\in omd(A_i)] = A_{i+1}[y\leftarrow f(A_{i+1}/y) \mid y\in omd(A_{i+1})]$ $(i\geq 0)$

Sei K die Indexfolge, die zu den Reduktionen im Top-Templett korrespondiert, d.h. $K=(i \mid x_i\in[\![A_i]\!])$. Dann gilt:

<u>Behauptung 1</u>: K ist eine unendliche Folge
<u>Beweis</u>:
Angenommen, K wäre endlich. Sei also $K=(K_1,K_2,\ldots,K_m)$. Für alle $j>K_m$ gilt dann $x_j\notin[\![A_j]\!]$, so daß mit der Rechtserweiterung folgt:

(1.1) $omd(A_j) = omd(A_{j+1})$

(1.2) $\exists! y\in omd(A_j)$: y anc x_j

(1.3) $\forall y\in omd(A_j)$: $\neg(y \text{ anc } x_j) \Longrightarrow A_j/y = A_{j+1}/y$

(1.4) $\forall y\in omd(A_j)$: $y \text{ anc } x_j \Longrightarrow A_j/y \xrightarrow{R} A_{j+1}/y$

Aus (1.1) folgt induktiv für alle $j>K_m$

(1.5) $omd(A_j) = omd(A_{K_m+1})$

Ordne jedem $y\in omd(A_{K_m+1})$ die Indexfolge $S(y) = (j \mid x_j \text{ anc } y,\ j>K_m)$ zu. Da $omd(A_{K_m+1})$ endlich ist, gibt es nach (1.5), (1.2) ein bestimmtes y^*, für welches $S(y^*)$ unendlich ist. Sei also $S(y^*) = (N_1,N_2,N_3,\ldots)$. Nach (1.3), (1.4) ist dann $A_{N_1}/y^* \xrightarrow{R} A_{N_2}/y^* \xrightarrow{R} A_{N_3}/y^* \xrightarrow{R} \ldots$ eine unendliche Reduktionsfolge. Da $DEPTH(A_{N_1}/y^*) < DEPTH(A_{N_1})$ gilt, folgt mit (1) direkt ein Widerspruch zur Induktionsannahme. □

Nach Beh. 1 gilt o.B.d.A. $K=(K_1,K_2,K_3,\ldots)$. Definiere: $B_i := A_i[y\leftarrow f(A_i/y) \mid y\in omd(A_i)]$ für i=0,1,... Nach (2), (3) ist dann $B_{K_1} \xrightarrow{R} B_{K_2} \xrightarrow{R} B_{K_3} \xrightarrow{R} \ldots$ eine unendliche Reduktionsfolge, so daß analog zum Induktionsanfang ein Widerspruch zur Noether-Eigenschaft von T und Q folgt. Q.E.D.

Für eine direkte Summe T+Q=(Σ,V,R) ist die Menge der kritischen Paare in R gerade die disjunkte Vereinigung aller kritischen Paare in R_T und R_Q. Aus Theorem 3.17 und Theorem 5.5(5.6) folgt dann, daß T+Q genau dann noethersch, konfluent und linksdominant (rechtserweitert) ist, wenn dies für jeden der beiden "Summanden" T und Q gilt. Nach einem Theorem von Toyama [To87a] wird die Konfluenz allein ohne Einschränkung auf alle direkten Summen vererbt.

Korollar 5.7

Die direkte Summe T+Q ist genau dann noethersch, konfluent und linksdominant, wenn T und Q noethersch, konfluent und linksdominant sind.

Beweis:

"$\Longrightarrow$": Da die Summenbildung von TESen kommutativ ist, genügt es zu zeigen, daß die Beh. für Q gilt. Die Linksdominanz folgt aus $R_Q \subseteq R$, die Noether-Eigenschaft aus Theorem 5.5. Sei als B $\overset{R_Q}{{}^*\longleftarrow}$ A $\overset{R_Q}{\longrightarrow^*}$ C. Da $\overset{R_Q}{\longrightarrow} \subseteq \overset{R}{\longrightarrow}$ ist, gibt es wegen der Konfluenz von T+Q eine (Σ,V)-Term D mit B $\overset{R}{\longrightarrow^*}$ D $\overset{R}{{}^*\longleftarrow}$ C. Da B,C nach Konstruktion (Σ_Q,V_Q)-Terme sind, ist auch D ein (Σ_Q,V_Q)-Term. Da $\overset{R_Q}{\longrightarrow}$ die Einschränkung von $\overset{R}{\longrightarrow}$ auf $T_{\Sigma_Q,V_Q} \times T_{\Sigma_Q,V_Q}$ ist, folgt B $\overset{R_Q}{\longrightarrow^*}$ D $\overset{R_Q}{{}^*\longleftarrow}$ C.

"$\Longleftarrow$": Die Linksdominanz folgt direkt aus $R=R_T+R_Q$ und die Noether-Eigenschaft mit Theorem 5.5. Es bleibt zu zeigen, daß T+Q=(Σ,V,R) konfluent ist:
Sei (M,N) ein kritisches Paar in R. Da die Funktionssymbole von T und Q disjunkt sind, gibt es keine Regeln $G \longrightarrow H \in R_T$ und $C \longrightarrow D \in R_Q$, deren linke Seiten sich überlappen. Also gibt es o.B.d.A. ein kritisches Paar (M',N') in R_Q, so daß (M,N) und (M',N') gleich sind bis auf Umbenennung von Variablen. Nach Theorem 3.17 gibt es einen (Σ_Q,V_Q)-Term B mit M' $\overset{R_Q}{\longrightarrow^*}$ B $\overset{R_Q}{{}^*\longleftarrow}$ N'. Da $\overset{R_Q}{\longrightarrow} \subseteq \overset{R}{\longrightarrow}$, folgt M' $\overset{R}{\longrightarrow^*}$ B $\overset{R}{{}^*\longleftarrow}$ N'. Da (M',N') und (M,N) gleich sind bis auf Umbenennung von Variablen, gibt es eine (Σ,V)-Substitution θ mit M=M'θ und N=N'θ, so daß mit der Stabilität (Korollar 3.14) folgt: M=M'θ $\overset{R}{\longrightarrow^*}$ Bθ $\overset{R}{{}^*\longleftarrow}$ N'θ=N. Nach Theorem 3.17 und Theorem 5.5 ist T+Q konfluent. □

Korollar 5.8

Die direkte Summe T+Q ist genau dann noethersch, konfluent und rechtserweitert, wenn T und Q noethersch, konfluent und rechtserweitert sind.

Beweis:

mit Theorem 3.17 und Theorem 5.6 analog zu Korollar 5.7. □

Theorem 5.9 [To87a]

Die direkte Summe T+Q ist genau dann konfluent, wenn T und Q konfluent sind.

Da das Gegenbeispiel zu Satz 5.4 die Konfluenz nicht berücksichtigt (tes2 ist nicht konfluent), liegt die Vermutung nahe, daß die Korollare 5.7 und 5.8 ohne die Einschränkungen der Linksdominanz bzw. Rechtserweiterung gelten. Während diese Vermutung generell durch Satz 5.10 widerlegt wird, hegen wir den Verdacht, daß sie für die Teilklasse linkslinearer TESe gültig ist.

Satz 5.10

Die direkte Summe zweier noetherscher und konfluenter TESe ist i.a. nicht noethersch.

Beweis:

Konstruktion eines Gegenbeispiels:

```
tes3                                  tes4
SORTS: s                              SORTS: s
OPNS:   c: —> s                       OPNS:   d: s × s × s —> s
        f: s —> s                     VARS:   X,Y: s
        g: s —> s                     RULES:  d(X,X,Y) —> Y
        h: s × s × s —> s                     d(X,Y,Y) —> X
VARS:   X,Y,Z: s
RULES:  h(f(X),Z,g(Y)) —> h(Z,Z,Z)
        h(X,Y,Z) —> c
        f(X) —> c
        g(X) —> c
```

Obwohl jedes der obigen TESe noethersch und konfluent ist, enthält die direkte Summe tes3 + tes4 eine zyklische und damit unendliche Reduktionsfolge:

```
    h(d(f(c),g(c),g(c)),d(f(c),g(c),g(c)),d(f(c),g(c),g(c)))
—>  h(f(c),d(f(c),g(c),g(c)),d(f(c),g(c),g(c)))
—>  h(f(c),,d(f(c),g(c),g(c)),d(c,g(c),g(c)))
—>  h(f(c),d(f(c),g(c),g(c)),d(c,c,g(c)))
—>  h(f(c),d(f(c),g(c),g(c)),g(c))
—>  h(d(f(c),g(c),g(c)),df(c),g(c),g(c)),d(f(c),g(c),g(c)))
    ⋮
```

□

Vermutung:

Die direkte Summe T+Q ist genau dann noethersch, konfluent und linkslinear, falls T und Q noethersch, konfluent und linkslinear sind.

5.2 Ausführbarkeit zusammengesetzter Spezifikationen

Die Mächtigkeit parametrischer (algebraischer) Spezifikationen basiert auf einem universellen Mechanismus zur Parameterübergabe, der es erlaubt, einzelne Module zu beliebig komplexen Spezifikationen zusammenzusetzen. Entlang eines Spezifikationsmorphismus, der angibt, wie die formalen Teile einer parametrischen Spezifikation zu aktualisieren sind, ist das Resultat der Parameterübergabe durch Pushout-Konstruktion festgelgt [Eh82].

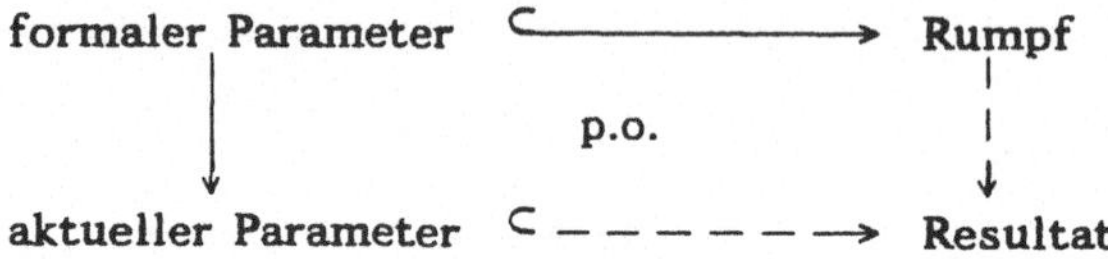

Die Prototyp-Generierung algebraischer Spezifikationen basiert auf dem Ansatz, Gleichungen als Ersetzungsregeln zu interpretieren und Terme so in ihre Normalform zu überführen. Grundlage dieses Vorgehens ist ein Theorem, wonach die operationale und die initiale Semantik einer Spezifikation SPEC übereinstimmen, wenn das von SPEC erzeugte TES terminierend und konfluent ist. Im Kontext der Parametrisierung stellt sich die Frage, ob und inwieweit bei der Parameterübergabe die Konfluenz und Termination von dem aktuellen Parameter und der Rumpf-Spezifikation automatisch auf das Resultat vererbt werden. Ziel ist dabei, die Ausführbarkeit zusammengesetzter Spezifikationen lokal, d.h. durch getrennte Inspizierung der beteiligten Module, zu überprüfen.

Definition 5.4

Gegeben seien TESe $T=(\Sigma,V,R)$ und $T1=(\Sigma1,V1,R1)$ mit $\Sigma=(S,F)$ und $\Sigma1=(S1,F1)$. T ist ein *Unter-TES* von T1, i.Z: $T \subseteq T1$, wenn gilt: $S \subseteq S1$, $F \subseteq F1$, $V \subseteq V1$ und $R \subseteq R1$.

Definition 5.5

Ein *parametrisches TES* ist ein Paar von TESen $PT=(P,B)$ mit $P \subseteq B$; dabei ist P der *formale Parameter* und B der *Rumpf* von PT.

Definition 5.6

Gegeben seien Signaturen $\Sigma=(S,F)$ und $\Sigma1=(S1,F1)$. Ein *Signaturmorphismus* $h: \Sigma \longrightarrow \Sigma1$ ist ein Paar von Abbildungen $h=(h_S: S \longrightarrow S1, h_F: F \longrightarrow F1)$, so daß aus $f: s1 \times \ldots \times sn \longrightarrow s$ in F auch $h_F(f): h_S(s1) \times \ldots \times h_S(sn) \longrightarrow h_S(s)$ in F folgt.

Signaturmorphismen präzisieren, wie bei der Parameterübergabe die formalen Sorten und Funktionssymbole umzubenennen und/oder zu identifizieren sind. Damit auch die Gleichungen bzw. Regeln des aktuellen Parameters zu denen des formalen Parameters konsistent sind, werden Signaturmorphismen zu Spezifikationsmorphismen erweitert.

Definiton 5.7

Gegeben seien Signaturen $\Sigma=(S,F)$ und $\Sigma1=(S1,F1)$, ein Signaturmorphismus $h\colon \Sigma \longrightarrow \Sigma1$ und Mengen von Variablen $V=(V_s)_{s\in S}$, $V1=(V1_s)_{s\in S1}$. Eine Abbildung $h^{\#}\colon T_{\Sigma,V} \longrightarrow T_{\Sigma1,V1}$ heißt *Erweiterung* von h, wenn gilt:

(i) $h^{\#}(f) = h(f)$ für alle Konstanten f

(ii) $h^{\#}(X) \in V1_{h(sort(X))}$ für alle Variablen X

(iii) $h^{\#}(f(A_1,\ldots,A_n)) = h(f)(h^{\#}(A_1),\ldots,h^{\#}(A_n))$, $n\geq 1$

Definition 5.8

Gegeben seien TESe $T=(\Sigma,V,R)$ und $T1=(\Sigma1,V1,R1)$. Ein Signaturmorphismus $h\colon \Sigma \longrightarrow \Sigma1$ ist ein *Spezifikationsmorphismus* von T nach T1, i.Z. $h\colon T \longrightarrow T1$, wenn es zu jeder Regel $(G,H)\in R$ eine Erweiterung $h^{\#}\colon T_{\Sigma,V} \longrightarrow T_{\Sigma1,V1}$ gibt mit $h^{\#}(X)=h^{\#}(Y) \Longleftrightarrow X=Y$ für alle $X,Y\in(var(G) \cup var(H))$, so daß gilt: $(h^{\#}(G),h^{\#}(H))\in R1$.

Definition 5.9

Es seien ein parametrisches TES $PT=(P,B)$, ein TES A (*aktueller Parameter*) und ein Spezifikationsmorphismus $h\colon P \longrightarrow A$ (*Parameterübergabe-Morphismus*) gegeben, wobei $P=(\Sigma_P,V_P,R_P)$, $B=(\Sigma_B,V_B,R_B)$, $A=(\Sigma_A,V_A,R_A)$ mit $\Sigma_P=(S_P,F_P)$, $\Sigma_B=(S_B,F_B)$, $\Sigma_A=(S_A,F_A)$.

1. Sei die Abbildung $h^*\colon {S_B}^* \longrightarrow [h(S_P)+(S_B-S_P)]^*$ rekursiv definiert durch $h^*(\lambda)=\lambda$ und $h^*(s\cdot w)$ = <u>if</u> $s\in S_P$ <u>then</u> $h(s)\cdot h^*(w)$ <u>else</u> $s\cdot h^*(w)$. Dann ist die nach h *umbenannte Rumpf-Signatur* gegeben durch $\Sigma=(S,F)$ mit

   $S = h(S_P) + (S_B-S_P)$

   $F = h(F_P) + \{f\colon h^*(w) \longrightarrow h^*(s) \mid (f\colon w \longrightarrow s) \in F_B-F_P\}$

2. Der von h *induzierte Parameterübergabe-Morphismus* h_B ist als Signaturmorphismus $h_B\colon \Sigma_B \longrightarrow \Sigma$ definiert durch

   $h_B(s)$ = <u>if</u> $s\in S_P$ <u>then</u> $h(s)$ <u>else</u> s

   $h_B(f\colon w \longrightarrow s)$ = <u>if</u> $(f\colon w \longrightarrow s)\in F_P$

   <u>then</u> $h(f)\colon h^*(w) \longrightarrow h^*(s)$

   <u>else</u> $f\colon h^*(w) \longrightarrow h^*(s)$

3. Der *umbenannte Rumpf* RENAME(PT,A,h) ist als TES definiert und besteht aus

   (1) der nach h umbenannten Rumpf-Signatur $\Sigma=(h_B(S_B),h_B(F_B))$

   (2) der Menge von Variablen $V=(V_s)_{s\in h_B(S_B)}$ mit $V_s = \bigcup_{s=h_B(s')} V_{B,s'}$

   (3) der Menge von Regeln $R=\{({h_B}^{\#}(G), {h_B}^{\#}(H)) \mid (G,H)\in R_B\}$.
   Dabei ist ${h_B}^{\#}\colon T_{\Sigma_B,V_B} \longrightarrow T_{\Sigma,V}$ als Erweiterung von h definiert durch ${h_B}^{\#}(X)=X$ für alle $X\in V_B$.

4. Das *Resultat* APPLY(PT,A,h) der Anwendung von PT auf A mittels h ist die Summe A+RENAME(PT,A,h) mit $(h(S_P),h(F_P))$ als gemeinsamer Signatur.

Anmerkungen (zur Parameterübergabe)

1. h_B ist nach Konstruktion ein Spezifikationsmorphismus von B nach RENAME(PT,A,h). Da RENAME(PT,A,h) ⊆ APPLY(PT,A,h) gilt, wird h_B zu einem Spezifikationsmorphismus B ⟶ APPLY(PT,A,h) erweitert. Wählt man p: P ⟶ B und p_A: A ⟶ APPLY(PT,A,h) als Inklusionen von Unter-TESen, so kommutiert das folgende *Parameterübergabe-Diagramm.*

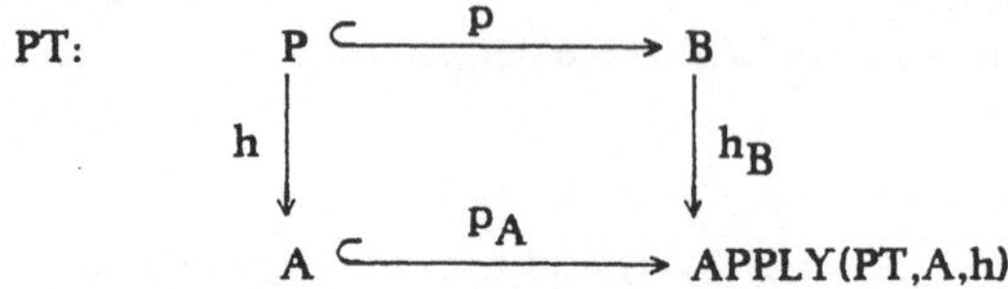

Analog zu Eh82 ist das Parameterübergabe-Diagramm als Pushout-Diagramm in der Kategorie der TESe und Spezifikationsmorphismen charakterisiert.

2. Die Konstruktion des Resultats APPLY(PT,A,h) stellt sicher, daß nur diejenigen Sorten und Funktionssymbole des aktuellen Parameters A und des Rumpfes B identifiziert werden, die ein gemeinsames Urbild im formalen Parameter besitzen. Alle übrigen Sorten und Funktionssymbole aus A und B werden disjunkt vereinigt - selbst wenn ihre Namen übereinstimmen.

Beispiel 5.4 Binärbäume natürlicher Zahlen

Über einer Datenmenge data werden Binärbäume mit Hilfe der Konstruktoren leaf, left, right, both aufgebaut. Der Operator breadth liefert zu jedem Binärbaum die Anzahl seiner Blattknoten. Die parametrische Spezifikation <u>bintree</u>(<u>data</u>) = (<u>data</u>,<u>bintree</u>) ist dann wie folgt gegeben:

<u>data</u>

SORTS: data

<u>bintree</u>

SORTS: data, nat, bintree

OPNS: leaf: ⟶ bintree
left: bintree × data ⟶ bintree
right: data × bintree ⟶ bintree
both: bintree × data × bintree ⟶ bintree
breadth: bintree ⟶ nat
zero: ⟶ nat
succ: nat ⟶ nat
add: nat × nat ⟶ nat

VARS: D: data
B1,B2: bintree
N1,N2: nat

```
RULES:  breadth(leaf) —> succ(zero)
        breadth(left(B1,D)) —> breadth(B1)
        breadth(right(D,B1)) —> breadth(B1)
        breadth(both(B1,D,B2) —> add(breadth(B1),breadth(B2))
        add(zero,N1) —> N1
        add(succ(N1),N2) —> succ(add(N1,N2))
```

Die Anwendung von bintree(data) auf nat (siehe Beispiel 3.1) mittels des Spezifikationsmorphismus {data ⟼ nat} liefert als Resultat

```
bintree(nat)
SORTS:  nat1, nat, bintree
OPNS:   leaf: —> bintree
        left: bintree × nat —> bintree
        right: nat × bintree —> bintree
        both: bintree × nat × bintree —> bintree
        breadth: bintree —> nat1
        zero1: —> nat1
        succ1: nat1 —> nat1
        add1: nat1 × nat1 —> nat1
        zero: —> nat
        succ: nat —> nat
        add: nat × nat —> nat
        mult: nat × nat —> nat
VARS:   D,N,M: nat
        N1,N2: nat1
        B1,B2: bintree
RULES:  breadth(leaf) —> succ1(zero1)
        breadth(left(B1,D)) —> breadth(B1)
        breadth(right(D,B1)) —> breadth(B1)
        breadth(both(B1,D,B2)) —> add1(breadth(B1),breadth(B2)
        add1(zero1,N1) —> N1
        add1(succ1(N1),N2) —> succ1(add1(N1,N2))
        add(zero,N) —> N
        add(succ(N),M) —> succ(add(N,M))
        mult(zero,N) —> zero
        mult(succ(N),M) —> add(mult(N,M),M)                    ***
```

Wann immer der formale Parameter nur Sorten und keine Funktionssymbole enthält, ist das Resultat der Parameterübergabe als direkte Summe des aktuellen Parameters und des umbenannten Rumpfes darstellbar. Ist darüber hinaus der Parameterübergabe-

Morphismus injektiv, so folgt auf der Grundlage der Ergebnisse aus 5.1, daß das Resultat der Parameterübergabe genau dann ausführbar ist, wenn die beteiligten Module ausführbar sind. Zudem ist das Resultat noethersch, falls die beteiligten Module noethersch und linksdominant (bzw. rechtserweitert) sind.

Definition 5.10

Ein TES T=(Σ,V,R) mit Σ=(S,F) heißt *funktionenfrei*, wenn F=∅ (und damit auch R=∅) gilt:

Theorem 5.11 (Kompositionstheorem)

Es seien ein parametrisches TES PT=(P,B), ein aktueller Parameter A und ein Parameterübergabe-Morphismus h: P ⟶ A gegeben. Falls h injektiv ist und P funktionenfrei, so gilt:

1. APPLY(PT,A,h) ist genau dann terminierend, wenn A und B terminierend sind
2. APPLY(PT,A,h) ist genau dann konfluent, wenn A und B konfluent sind
3. APPLY(PT,A,h) ist genau dann noethersch und linksdominant, wenn A und B noethersch und linksdominant sind.
4. APPLY(PT,A,h) ist genau dann noethersch und rechtserweitert, wenn A und B noethersch und rechtserweitert sind.

Beweis:

Da P funktionenfrei ist, ist APPLY(PT,A,h) die direkte Summe von A und RENAME(PT,A,h). Da h injektiv ist, sind B und RENAME(PT,A,h) gleich bis auf Umbenennung von Sorten, so daß gilt: RENAME(PT,A,h) ist genau dann konfluent (terminierend, noethersch, linksdominant, rechtserweitert), wenn B konfluent (terminierend, noethersch, linksdominant, rechtserweitert) ist. Die Behauptung folgt dann direkt aus Theorem 5.3, Theorem 5.9, Theorem 5.5 und Theorem 5.6. □

Beispiel 5.5

Da in Beispiel 5.4 bintree und nat terminierend und konfluent sind, ist nach Theorem 5.11 auch bintree(nat) terminierend und konfluent. Die Noether-Eigenschaft für bintree(nat) folgt dagegen nicht aus Theorem 5.11, denn nat ist weder linksdominant noch rechtserweitert.

Beispiel 5.6: Folgen von Zeichenketten

Ausgehend von einem (möglicherweise unendlichen) Alphabet, erzeugt man Wörter beliebiger Länge durch sukzessives Einfügen von Zeichen in das leere Wort. Das parametrische TES sequence(alphabet) = (alphabet,sequence) spezifiziert die Konkatenation von Wörtern:

alphabet
SORTS: alphabet
sequence
SORTS: alphabet, sequence
OPNS: empty: $\longrightarrow$ sequence
insert: alphabet × sequence $\longrightarrow$ sequence
concat: sequence × sequence $\longrightarrow$ sequence
VARS: A: alphabet
S,X: sequence
RULES: concat(empty,S) $\longrightarrow$ S
concat(insert(A,S),X) $\longrightarrow$ insert(A,concat(S,X))

Ersetzt man den formalen Parameter alphabet entlang des Spezifiakationsmorphismus {alphabet $\longmapsto$ letter} durch den aktuellen Parameter

letter
SORTS: letter
OPNS: a,b,...,z: $\longrightarrow$ letter,

so ist das Resultat sequence(letter) nach Theorem 5.5 konfluent, noethersch und linksdominant Da sequence(letter) ein TES ist, kann es wiederum als aktueller Parameter für sequence(alphabet) dienen. Das Resultat der Anwendung von sequence(alphabet) auf sequence(letter) mittels {alphabet $\longmapsto$ sequence} spezifiziert Folgen von Zeichenketten und ist nach Theorem 5.5 ebenfalls konfluent, noethersch und linksdominant. ***

Durch iterierte Parameterübergabe gelingt es, aus einzelnen Modulen beliebig komplexe Spezifikationen aufzubauen. Allerdings ist bei der Standard-Parameterübergabe die Reihenfolge, in der die einzelnen Module zusammenzusetzen sind, fest vorgegeben, denn als aktueller Parameter sind nur nicht-parametrische TESe zugelassen. Um von der Reihenfolge der Komposition unabhängig zu werden, wurde in Eh82 das Konzept der parametrischen Parameterübergabe eingeführt, das als aktuelle Parameter beliebige parametrische Spezifikationen zuläßt.

Definition 5.11

Es seien parametrische TESe PTi=(Pi,Bi), i=1,2, mit $Pi=(\Sigma_{Pi},V_{Pi},R_{Pi})$, $Bi=(\Sigma_{Bi},V_{Bi},R_{Bi})$ und ein Spezifikationsmorphismus h: P1 $\longrightarrow$ B2 gegeben. Das *parametrische Resultat* der Anwendung von PT1 auf PT2 mittels h ist das parametrische TES P-APPLY(PT1,PT2,h)= (P2,APPLY(PT1,B2,h)).

Das *parametrische Parameterübergabe-Diagramm* ist wie folgt gegeben.

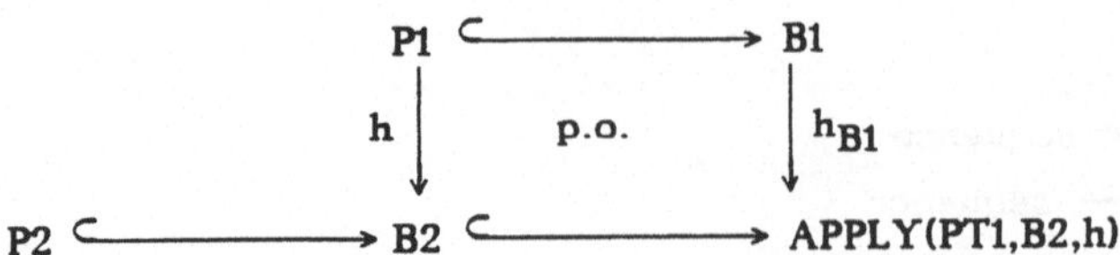

h wird als *parametrischer Parameterübergabe-Morphismus* und h_{B1} als *induzierter Parameterübergabe-Morphismus* bezeichnet; PT2 wird *parametrischer aktueller Parameter* genannt.

Da die Komposition von Pushout-Diagrammen assoziativ ist und wieder Pushout-Diagramme liefert, ist die Strategie, nach der bei einer iterierten Parameterübergabe die Zwischenergebnisse gebildet werden, irrelevant [Eh82,EM85]. Für den Fall, daß alle formalen Parameter nur Sorten enthalten und alle Parameterübergabe-Morphismen injektiv sind, sind nach dem Kompositionstheorem alle Zwischenergebnisse (unabhängig von der gewählten Strategie) genau dann terminierend und konfluent, wenn alle beteiligten Module terminierend und konfluent sind. Gleiches gilt für die Noether-Eigenschaft unter der Einschränkung der Linksdominanz bzw. Rechtserweiterung.

Beispiel 5.7: Binärbäume von Folgen natürlicher Zahlen
Gegeben seien nat, sequence(alphabet) und bintree(data) aus Beispiel 3.1, 5.6 und 5.4. Wähle als Parameterübergabe-Morphismen h = {data ⟼ sequence} und f = {alphabet ⟼ nat}. Es gibt dann grundsätzlich zwei Möglichkeiten, die obigen Module zu Binärbäumen von Folgen natürlicher Zahlen zusammenzusetzen:

1. Standard-Parameterübergabe
   Bilde zunächst Folgen natürlicher Zahlen sequence(nat) und wende darauf bintree(data) an:

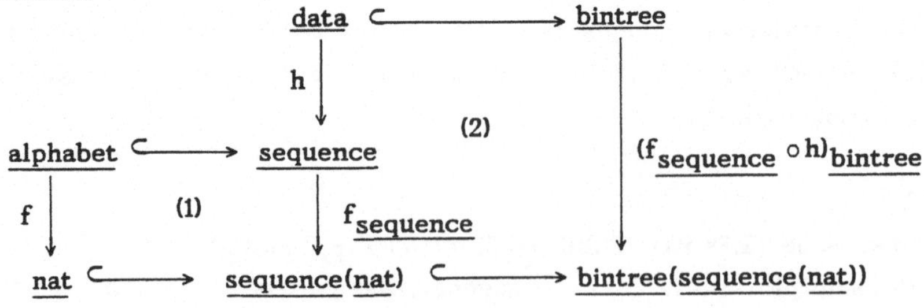

2. Parametrisierte Parameterübergabe
   Bilde zunächst Binärbäume von Zeichenfolgen und wende das Resultat bintree(sequence)(alphabet) auf nat an.

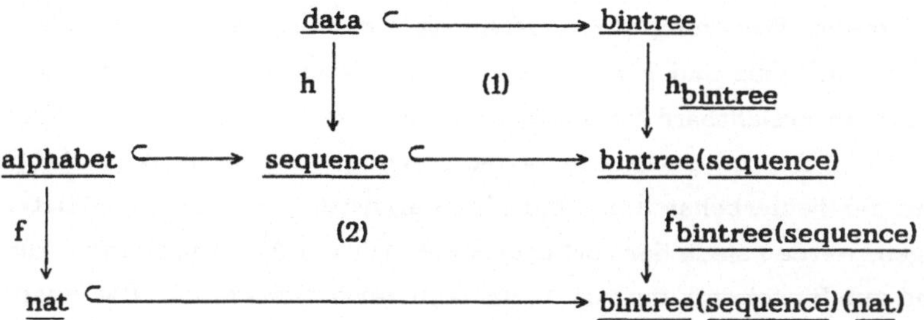

Unabhängig von der Reihenfolge, in der die Parameterübergabe-Diagramme gebildet werden, liefern beide Strategien dasselbe Resultat, d.h. es gilt bintree(sequence(nat)) = bintree(sequence)(nat). Da zu einem injektiven Parameterübergabe-Morphismus auch der induzierte Parameterübergabe-Morphismus injektiv ist und sich die Injektivität auf die Hintereinanderausführung überträgt, gewährleistet Theorem 5.11, daß sowohl sequence(nat) und bintree(sequence(nat)) als auch bintree(sequence) und bintree(sequence)(nat) terminierend und konfluent sind. ***

6. Schlußbemerkungen

Termersetzungssysteme sind aufgrund der engen Beziehung zwischen Regeln und Gleichungen ein geeignetes Werkzeug zur Ausführung algebraischer Spezifikationen. Die Eigenschaften der Konfluenz und Termination gewährleisten die Korrektheit der Termreduktion und sind unverzichtbare Voraussetzung für eine fehlerfreie und zuverlässige Prototyp-Generierung. Da konventionelle Termersetzungssysteme nicht mächtig genug sind, die Aspekte der Fehlerbehandlung und Modularisierung in abstrakten Datentypen zu berücksichtigen, werden sie in der vorliegenden Arbeit um Ausdrucksmittel zur Parametrisierung und zur Einschränkung von Variablenbereichen erweitert. Die Ausführung selbst wird durch die Übersetzung von Termersetzungssystemen in PROLOG-Programme unterstützt. Die folgende Darstellung gibt einen abschließenden Überblick.

Termersetzungssysteme mit eingeschränkten Variablen subsumieren das Konzept der ok- und unsicheren Variablen, das in GDLE84 als Hauptinstrument zur Beschreibung von Fehler- und Ausnahmesituationen eingeführt wurde. Die konventionellen Methoden zur Überprüfung der Konfluenz und Termination konnten im wesentlichen für eingeschränkte Variablen verallgemeinert werden und bilden das theoretische Fundament zur Ausführung von Fehlerspezifikationen. Termersetzungssysteme mit eingeschränkten Variablen konkurrieren u.a. mit dem Ansatz in GMJ85, der die Operationalisierung von algebraischen Spezifikationen mit geordneten Sorten und überladenen Operatoren untersucht. Im Gegensatz zu unserem Vorgehen, das darauf abzielt, die theoretischen Grundlagen von Termersetzungssystemen zu erweitern, verfolgen Goguen et al. die Idee, sortengeordnete Spezifikationen durch Einführung von Konvertierungsfunktionen zu kompilieren und mit Hilfe vorhandener Interpreter für Termersetzungssysteme auszuführen.

Auf der Grundlage parametrischer Termersetzungssysteme wurde untersucht, ob und inwieweit sich einzelne, ausführbare Module automatisch zu einer komplexen, ausführbaren Gesamtspezifikation zusammensetzen lassen. Das Kompositionstheorem gibt eine positive Antwort für den Fall, daß die formalen Parameter der beteiligten Module nur aus Sorten bestehen und die Parameterübergabe-Morphismen injektiv sind. Wann immer das Kompositionstheorem anwendbar ist, kann der globale Test auf Ausführbarkeit eines Gesamtsystems durch eine Reihe lokaler Tests auf Modulebene ersetzt werden. Im Hinblick auf eine praktische Akzeptanz muß es Ziel künftiger Entwicklungen sein, die Voraussetzungen des Kompositionstheorems weiter abzuschwächen. Insbesondere die Einschränkung auf Sorten-Parameter ist zu rigide, weil es für die Persistenz parametrischer Spezifikationen in vielen Fällen erforderlich ist, in den formalen Parameter zumindest eine Fehlerkonstante einzutragen (vgl. Beispiel 5.1). Ein erster Ansatz, Kombinationen von Termersetzungssystemen mit gemeinsamen Funktionssymbolen zu untersuchen, findet sich in GG87, allerdings erweisen sich die dortigen Behauptungen als fehlerhaft (vgl. Gegenbeispiel zu Satz 5.4). Das Hauptproblem mit gemeinsamen Funktionssymbolen resultiert daraus, daß die Zerlegungseigenschaft der Terme in überlappungsfreie Templetts verlorengeht und die Beweismethoden aus 5.1 nicht mehr anwendbar sind. Zusätzliche Probleme entstehen bei der Behandlung nicht-injektiver Parameterübergabe-Morphismen: Durch die Identifizierungen in der Rumpf-Spezifikation können u.U. Konfluenz- und Terminationseigenschaften zerstört werden.

Die Übersetzung von Termersetzungssystemen in PROLOG-Programme ist gleichermaßen geeignet, die Ausführung algebraischer Spezifikationen zu unterstützen und die Beziehung zwischen funktionaler und logischer Progammierung zu klären. Auf der Basis der "brute force"-Startegie ist es prinzipiell möglich, jede ausfürbare Spezifikation korrekt in ein PROLOG-Programm zu übersetzen. Für praktische Zwecke ist ein solches Vorgehen jedoch ungeeignet, da ein Durchsuchen des Reduktionsbaumes der Breite nach nicht nur einen immensen Bedarf an Speicherplatz zur Notierung von Zwischenergebnissen beansprucht, sondern als Folge der wahllosen Anwendung von Ersetzungsregeln auch zu einem inakzeptablen Laufzeitverhalten führt. Effiziente Programme können nur erwartet werden, wenn der Reduktionsbaum der Tiefe nach durchsucht wird. Für die Termination von Tiefensuchmethoden muß schlimmstenfalls vorausgesetzt werden, daß keine unendlichen Reduktionsfolgen existieren (Noether-Eigneschaft). Die Übersetzungsverfahren in 4.2 sind für konventionelle Termersetzungssysteme konzipiert, können aber durch eine geschickte Ausnutzung des Backtracking-Mechanismus in PROLOG leicht auf eingeschränkte Variablen und bedingte Regeln erweitert werden. Die zentrale Idee dabei ist, einzelne Reduktionsschritte zunächt ohne Rücksicht auf die Prämissen und die Variableneinschränkungen auszuführen und sie erst rückwirkend auf Zulässigkeit zu überprüfen. Ist ein Ersetzungsschritt als unzulässig erkannt (evtl. Einführung neuer Prädikate !), wird er mit Hilfe des Backtracking-Mechanismus zurückgesetzt, und eine andere Regel kommt zur Anwendung. Der obige Prozeß bricht erfolgreich ab, wenn für den aktuellen Term die Regelmenge vollständig durchsucht ist und keine Regel mehr einen gültigen Reduktionsschritt zuläßt.

Literaturverzeichnis

ASU72 Aho,A. / Sethi, R. / Ullman, J.D.: *Code Optimization and Finite Church-Rosser-Theorems*, Design and Optimization of Compilers (R. Rustin, ed.), Prentice-Hall, Englewood Cliffs, 1972

Ba82 Bandes, R.G.: *Algebraic Specification and Prolog*, Technical Report 82-12-02, Dept. of Comp. Science, Univ. of Washington, Seattle, 1982

BD81 Bergman, M. / Deransart, P.: *Abstract Data Types and Rewriting Systems: Application to the Programming of Abstract Data Types in Prolog*, Proc. 6th CAAP (E. Astesiano / C. Boehm, eds.), LNCS 112, Springer-Verlag, Berlin, 1981

BK86 Bergstra, J.A. / Klop, J.W.: *Conditional Rewrite Rules: Confluence and Termination*, JCSS 32(3), 1986

BN76 Bergmann, E. / Noll, H.: *Mathematische Logik mit Informatik-Anwendungen*, Heidelberger Taschenbücher 187, Springer-Verlag, Berlin, 1976

Bo82 Book, R.V.: *Confluent and Other Types of Thue Systems*, Journal ACM 29(1), 1982

CKRP73 Colmerauer, A. / Kanoui, H. / Roussel, P. / Pasero, R.: *Un Systeme de Communication Homme - Machine en Francais*, Rapport de Recherche, Groupe d'Intelligence Artificielle, Univ. d'Aix-Marseille, 1973

Cl79 Clark, K.L.: *Predicate Logic as a Computational Formalism*, Research Report 79/59, Dept. of Computing, Imperial College, London, 1979

CL73 Chang, C. / Lee, R.C.: *Symbolic Logic and Mechanical Theorem Proving*, Academic Press, New York, 1973

CM81 Clocksin, W.F. / Mellish, C.S.: *Programming in Prolog*, Springer-Verlag, Berlin, 1981

De81 Dershowitz, N.: *Termination of Linear Term Rewriting Systems*, Proc. 8th ICALP (S. Even / O. Kariv, eds.), LNCS 115, Springer-Verlag, Berlin, 1981

De82 Dershowitz, N.: *Orderings for Term Rewriting Systems*, TCS 17(3), 1982

De85 Dershowitz, N.: *Synthetic Programming*, Artificial Intelligence 23(3), 1985

DE84 Drosten, K. / Ehrich, H.-D.: *Translating Algebraic Specifications to Prolog Programs*, Informatik-Bericht Nr. 84-08, TU Braunschweig, 1984

DM79 Dershowitz, N. / Manna, Z.: *Proving Termination with Multiset Orderings*, Communications ACM 22(8), 1979

Dr84 Drosten, K.: *Towards Executable Specifications Using Conditional Axioms*, Proc. 1st STACS (M.Fontet/ K.Mehlhorn, eds.), LNCS 166, Springer-Verlag, Berlin, 1984

Dr88 Drosten, K.: *Über Erweiterungen in Termersetzungssystemen und deren Anwendung zur Prototyp-Generierung algebraischer Spezifikationen*, Dissertation, TU Braunschweig, 1988

Eh82 Ehrich, H.-D.: *On the Theory of Specification, Implementation and Parametrization of Abstract Data Types*, Journal ACM 29(1), 1982

EKMP82 Ehrig, H. / Kreowski, H.-J. / Mahr, B. / Padawitz, P.: *Algebraic Implementation of Abstract Data Types*, TCS 20(3), 1982

EKTWW81 Ehrig, H. / Kreowski, H.-J. / Thatcher, J.W. / Wagner, E.G. / Wright, J.B.: *Parameter Passing in Algebraic Specification Languages*, Proc. Workshop on Program Specification 1981 (J. Staunstrup, ed.), LNCS 134, Springer-Verlag, Berlin, 1982

EM 81 van Emden, M.H. / Maibaum, T.S.E.: *Equations Compared with Clauses for Specification of Abstract Data Types*, Advances in Data Base Theory, Vol. 1 (H. Gallaire et al., eds.), Plenum Publ. Corp., New York, 1981

EM85 Ehrig, H. / Mahr, B.: *Fundamentals of Algebraic Specification 1*, EATCS Monographs on Theoretical Computer Science, Vol. 6, Springer-Verlag, Berlin, 1985

EP80 Engels, G. / Pletat, U.: *Analyse von Regelschemata für Unterbaumersetzungssysteme*, Diplomarbeit, Univ. Dortmund, 1980

EPE83 Engels, G. / Pletat, U. / Ehrich, H.-D.: *Operational Semantics of Abstract Data Types with Error Handling*, Acta Informatica 19, 1983

Ev51 Evans, T.: *The Word Problem for Abstract Algebras*, Journal London Math. Soc. 26, 1951

EY86 van Emden, M.H. / Yukawa, K.: *Equational Logic Programming*, Technical Report, Dept. of Comp. Science, Univ. of Waterloo, 1986

Fa84 Fages, F.: *Associative-Commutative Unification*, Proc. 7th CADE (R.E. Shostak, ed.), LNCS 170, Springer-Verlag, Berlin, 1984

Fay79 Fay, M.: *First Order Unification in Equational Theories*, Proc. 4th CADE, 1979

FGJM85 Futasugi, K. / Goguen, J.A. / Jouannaud, J.-P. / Meseguer, J.: *Principles of OBJ 2*, Proc. 12th POPL, 1985

Fr85 Fribourg, L.: *A Superposition Oriented Theorem Prover*, TCS 35(2,3), 1985

Ga86 Ganzinger, H.: *Ground Term Confluence in Parametric Conditional Equational Specifications*, Forschungsbericht, Abt. Informatik, Univ. Dortmund, 1986

GDLE84 Gogolla, M. / Drosten, K. / Lipeck, U. / Ehrich, H.-D.: *Algebraic and Operational Semantics of Specifications Allowing Exceptions and Errors*, TCS 34(3), 1984

Gg86 Gogolla, M.: *Über partiell geordnete Sortenmengen und deren Anwendung zur Fehlerbehandlung in abstrakten Datentypen,* Dissertation, TU Braunschweig, 1986

GG87 Ganzinger, H. / Giegerich, R.: *A Note on Termination in Combinations of Heterogeneous Term Rewriting Systems,* EATCS Bulletin 31, 1987

GJM85 Goguen, J.A. / Jouannaud, J.-P. / Meseguer, J.: *Operational Semantics for Order-Sorted Algebra,* Proc. 12th ICALP (W. Brauer, ed.), LNCS 194, Springer-Verlag, Berlin, 1985

GLM84 Gaube, W. / Lockemann, P.C. / Mayr, H.C.: *ORS-Spezifikationslabor: Generierung von Prolog Programmen aus Definitionen abstrakter Datentypen,* Informatik-Bericht 15/84, Univ. Karlsruhe, 1984

GM81 Goguen, J.A. / Meseguer, J.: *Completeness of Many-Sorted Equational Logic,* SIGPLAN Notices 16(7), 1981

GM84 Goguen, J.A. / Meseguer, J.: *Equality, Types, Modules, and (Why not?) Generics for Logic Programming,* Journal of Logic Programming 1(2), 1984

Go78a Goguen, J.A.: *Abstract Errors for Abstract Data Types,* Formal Description of Programming Concepts (E.J. Neuhold, ed.), North-Holland, Amsterdam, 1978

Go78b Goguen, J.A.: *Order-Sorted Algebras: Exceptions and Error Sorts, Coercions and Overloaded Operators,* Technical Report, Univ. of California, Los Angeles, 1978

GTW76 Goguen, J.A. / Thatcher, J.B. / Wagner, E.G.: *An Initial Algebra Approach to the Specification, Correctness and Implementation of Abstract Data Types,* Current Trends in Programming Methodology IV (R.T. Yeh, ed.), Prentice Hall, Englewood Cliffs, 1978

Gu75 Guttag, J.V.: *The Specification and Application to Programming of Abstract Data Types,* Technical Report CSRG-59, Univ. of Toronto, 1975

HH82 Huet, G. / Hullot, J.M.: *Proofs by Induction in Equational Theories with Constructors,* JCSS 25(2), 1982

HL78 Huet, G. / Lankford, D.S.: *On the Uniform Halting Problem for Term Rewriting Systems,* Rapport de Recherche No. 283, INRIA, Le Chesnay, 1978

HO80 Huet, G. / Oppen, D.C.: *Equations and Rewrite Rules: a Survey,* Formal Language Theory: Perspectives and Open Problems (R. Book, ed.), Academic Press, New York, 1980

HRa80 Hornung, G. / Raulefs, P.: *Terminal Algebra Semantics and Retractions for Abstract Data Types,* Proc. 7th ICALP (J.W. de Bakker / J. van Leeuwen, eds.), LNCS 85, Springer-Verlag, Berlin, 1980

HRe83 Hupbach, U.L. / Reichel, H.: *On Behavioural Equivalence of Data Types,* EIK 19(6), 1983

Hs85 Hsiang, J.: *Refutational Theorem Proving Using Term Rewriting Systems*, Artificial Intelligence 25(3), 1985

Hu80 Huet, G.: *Confluent Reductions: Abstract Properties and Applications to Term Rewriting Systems*, Journal ACM 27(4), 1980

Hu81 Huet, G.: *A Complete Proof of Correctness of the Knuth-Bendix Completion Algorithm*, JCSS 23(1), 1981

Hul80 Hullot, J.-M.: *Canonical Forms and Unification*, Proc. 5th CADE (W. Bibel / R. Kowalski, eds.), LNCS 87, Springer-Verlag, Berlin, 1980

Jea80 Jeanrond, J.: *Deciding Unique Termination of Permutative Rewrite Systems: Choose your Term Algebra Carefully*, Proc. 5th CADE (W. Bibel / R. Kowalski, eds.), Springer-Verlag, Berlin, 1980

JK86 Jouannaud, J.-P. / Kirchner, H.: *Completion of a Set of Rules Modulo a Set of Equations*, Siam Journal of Computing 15(4), 1986

JLR82 Jouannaud, J.-P. / Lescanne, P. / Reinig, F.: *Recursive Decomposition Ordering*, Formal Description of Programming Concepts II (D. Bjorner, ed.), North-Holland, Amsterdam, 1982

Jou83 Jouannaud, J.-P.: *Church-Rosser Computations with Equational Term Rewriting Systems*, Proc. 8th CAAP (G. Ausiello / M. Protasi, eds.), LNCS 159, Springer-Verlag, Berlin, 1983

Ka84 Kaplan, S.: *Conditional Rewrite Rules*, TCS 33(2,3), 1984

Ka85 Kaplan, S.: *Fair Conditional Term Rewriting Systems: Unification, Termination and Confluence*, Recent Trends in Data Type Specification (H.-J. Kreowski, ed.), Informatik-Fachberichte 116, Springer-Verlag, Berlin, 1985

KB70 Knuth, D.E. / Bendix, P.: *Simple Word Problems in Universal Algebras*, Computational Problems in Abstract Algebra (J. Leech, ed.), Pergamon Press, 1970

KNS85 Kapur, D. / Narendran, P. / Sivakumar, G.: *A Path Ordering for Proving Termination of Term Rewriting Systems*, Mathematical Foundations of Software Development (H. Ehrig et al., eds.), Vol. 1: Proc. 10th CAAP, LNCS 185, Springer-Verlag, Berlin, 1985

Ko74 Kowalski, R.: *Predicate Logic as a Programming Language*, Information Processing 74 (J.L. Rosenfeld, ed.), North-Holland, Amsterdam, 1974

KS85 Kapur, D. / Srivas, M.: *A Rewrite Rule Based Approach for Synthesizing Abstract Data Types*, Mathematical Foundations of Software Development (H. Ehrig et al., eds.), Vol. 1: Proc. 10th CAAP, LNCS 185, Springer-Verlag, Berlin, 1985

La79a Lankford, D.S.: *A Complete Unification Algorithm for Abelian Group Theory*, Technical Report MTP-2, Mathematics Dept., Louisiana Tech. University, Ruston, 1979

La79b Lankford, D.S.: *On Proving Term Rewriting Systems are Noetherian,* Technical Report MTP-3, Mathematics Dept., Louisiana Tech. University, Ruston, 1979

LB77a Lankford, D.S. / Ballantyne, A.M.: *Decision Procedures for Simple Equational Theories with Commutative Axioms: Complete Sets of Commutative Reductions,* Memo ATP-35, Dept. of Mathematics and Computer Science, Univ. of Texas, Austin, 1977

LB77b Lankford, D.S. / Ballantyne, A.M.: *Decision Procedures for Simple Equational Theories with Permutative Axioms: Complete Sets of Permutative Reductions,* Memo ATP-37, Dept. of Mathematics and Computer Science, Univ. of Texas, Austin, 1977

LB77c Lankford, D.S. / Ballantyne, A.M.: *Decision Procedures for Simple Equational Theories with Commutative-Associative Axioms: Complete Sets of Commutative-Associative Reductions,* Memo ATP-39, Dept. of Mathematics and Computer Science, Univ. of Texas, Austin, 1977

Le84 Lechenadec, P.: *Canonical Forms in Finitely Presented Algebras,* Proc. 7th CADE (R.E. Shostak ed.), LNCS 170, Springer-Verlag, Berlin, 1984

Ll84 Lloyd, J.W.: *Foundations of Logic Programming,* Springer-Verlag, Berlin, 1984

LZ74 Liskov, B. / Zilles, S.: *Programming with Abstract Data Types,* SIGPLAN Notices 9, 1974

MM82 Martelli, A. / Montanari, U.: *An Efficient Unification Algorithm,* ACM TOPLAS 4(2), 1982

MN70 Manna, Z. / Ness, S.: *On the Termination of Markov Algorithms,* Proc. 3rd Hawaii Int. Conf. on System Science, 1970

Mu80a Musser, R.M.: *On Proving Inductive Properties of Abstract Data Types,* Proc. 7th POPL , 1980

Mu80b Musser, D.R.: *Abstract Data Type Specification in the AFFIRM System,* IEEE Transactions on Software Engineering SE-6, 1980

NO84 Navarro, M. / Orejas, F.: *On the Equivalence of Hierarchical and Non-Hierarchical Rewriting on Conditional Term Rewriting Systems,* Eurosam 84, Oxford, 1984

O'D77 O'Donnell, M.: *Computing in Systems Described by Equations,* LNCS 58, Springer-Verlag, Berlin, 1977

O'D85 O'Donnell, M.: *Equational Logic as a Programming Language,* MIT Press, Cambridge, Massachusetts, 1985

Ot84 Otto, F.: *Some Undecidability Results for Non-Monadic Church-Rosser Thue Systems,* TCS 33(2,3), 1984

Pe85 Petzsch, H.: *Automatic Prototyping of Algebraic Specifications Using Prolog,* interner Bericht, Lehrstuhl für Informatik II, RWTH Aachen, 1985

PEE82 Pletat, U. / Engels, G. / Ehrich, H.-D.: *Operational Semantics of Algebraic Specifications with Conditional Equations,* 7th CAAP, Lille, 1982

Pl78 Plaisted, D.A.: *A Recursively Defined Ordering for Proving Termination of Term Rewriting Systems,* Technical Report UIUCDCS-R-78-943, Univ. of Illinois at Urbana-Champaign, Urbana, 1978

Plo72 Plotkin, G.: *Building-in Equational Theories,* Machine Intelligence 7, 1972

PS81 Peterson, G.E. / Stickel, M.E.: *Complete Sets of Reductions for Some Equational Theories,* Journal ACM 28(1), 1981

PW78 Paterson, M.S. / Wegman, M.N.: *Linear Unification,* JCSS 16, 1978

Ro65 Robinson, J.A.: *A Machine-Oriented Logic Based on the Resolution Principle,* Journal ACM 12(1), 1965

Ros73 Rosen, B.K.: *Tree Manipulating Systems and Church-Rosser Theorems,* Journal ACM 20(1), 1973

Ru85 Rusinowitch, M.: *Path of Subterms Ordering and Recursive Decomposition Ordering Revisited,* Proc. 1st Int. Conf. on Rewriting Techniques and Applications (J.-P. Jouannaud, ed.), LNCS 202, Springer-Verlag, Berlin, 1985

Ru87 Rusinowitch, M.: *On Termination of the Direct Sum of Term Rewriting Systems,* Information Processing Letters 26(2), 1987

Sch87 Schmidt-Schauß, M.: *Unification in a Many-Sorted Calculus with Declarations,* Interner Bericht, Fachbereich Informatik, Univ. Kaiserslautern, 1987

Se83 Sethi, R.: *Control Flow Aspects of Semantics-Directed Compiling,* ACM TOPLAS 5(4), 1983

Si84 Siekmann, J.: *Universal Unification,* Proc. 7th CADE (R.E. Shostak, ed.), LNCS 170, Springer-Verlag, Berlin, 1984

St81 Stickel, M.E.: *A Complete Unification Algorithm for Associative-Computative Functions,* Journal ACM 28(3), 1981

ST85 Sannella, D. / Tarlecki, A.: *On Observational Equivalence and Algebraic Specification,* Mathematical Foundations of Software Development (H. Ehrig et al., eds.), Vol. 1: Proc. 10th CAAP, LNCS 185, Springer-Verlag, Berlin, 1985

To 87a Toyama, Y.: *On the Church-Rosser Property for the Direct Sum of Term Rewriting Systems,* Journal ACM 34(1), 1987

To 87b Toyama, Y.: *Counterexamples to Terminating for the Direct Sum of Term Rewriting Systems,* Information Processing Letters 25, 1987

TWW82 Thatcher, J.W. / Wagner, E.G. / Wright, J.B.: *Data Type Specification: Parametrization and the Power of Specification Techniques*, ACM TOPLAS 4(4), 1982

Wa77 Wand, M.: *Algebraic Theories and Tree Rewriting Systems*, Technical Report No. 66, Indiana Univ., Bloomington, 1977

Wa79 Wand, M.: *Final Algebra Semantics and Data Type Extensions*, JCSS 19(1), 1979

Wa88 Walther, C.: *Many-Sorted Unification*, Journal ACM 35(1), 1988

ZR85 Zhang, H. / Remy, J.-L.: *Contextual Rewriting*, 1st Int. Conf. on Rewriting Techniques and Application (J.-P. Jouannaud, ed.), LNCS 202, Springer-Verlag, Berlin, 1985

Begriffsverzeichnis